KB043948

CITY

CITY 50

지속가능한 녹색도시 교통

초판 1쇄 펴낸날 2016년 5월 12일
지은이 정병두
펴낸이 박명권
펴낸곳 도서출판 한숲 | **신고일** 2013년 11월 5일 | **신고번호** 제2014-000232호
주소 서울시 서초구 서초대로 62 (방배동 944-4) 2층
전화 02-521-4626 | **팩스** 02-521-4627 | **전자우편** klam@chol.com
편집 박광윤 | **디자인** 이은미 | **마케팅** 한동우
출력 · 인쇄 한결그래픽스

ISBN 979-11-951592-8-4 93530

* 이 도서의 국립중앙도서관 출판시도서목록(CIP)은 서지정보유통지원시스템 홈페이지(http://seoji.nl.go.kr)와 국가자료공동목록시스템(http://www.nl.go.kr/kolisnet)에서 이용하실 수 있습니다.(CIP제어번호: CIP2016010690)

정가 28,000원

CITY 50

지속가능한 녹색도시 교통

정병두 지음

한숲

차 례

Part 1

역사와 문화 예술의 도시

Part 2

친환경 교통과 저탄소 녹색도시

Part 3

대중교통 중심의 도시재생

Part 4

창조도시의 지속가능 교통

책을 펴내며

세계의 수많은 도시들은 제각기 다른 모습을 하고 있지만, 역사와 문화와 지역성을 계승하면서 높은 생활의 질을 제공하는 도시공간을 추구한다는 점은 어느 도시이든 동일하다. 삶의 터전인 도시공간을 어떻게 하면 더욱 살기 좋게 만들 수 있을지 고민하는 것은 지극히 자연스러운 일이다. 우리의 도시 역시 마찬가지다. 인간과 환경을 생각하는 지속가능한 도시를 구현하기 위한 다양한 연구와 시도가 최근 들어 더욱 활발해지고 있다. 이런 시점에서 세계적인 생태도시, 창조도시, 문화도시의 공간과 시스템을 살펴보고, 이들의 경험과 도시 정책 이슈를 이해하는 것은 우리 도시 발전에 중요한 밑거름이 될 것이다.

근년 세계 여러 도시의 역사와 문화를 다룬 인문 도서의 출간이 꾸준히 늘고 있고, 도시재생 사례를 소개하고 있는 건축 및 도시 분야의 시도도 여럿 눈에 띈다. 하지만 본격적으로 교통시스템을 조명하고 있는 책은 흔치 않고, 교통을 다룬다고 하더라도 이에 대한 해석이 다소 미흡한 경우가 적지 않다. 몇 년 전 도쿄대학교 SSDSustainable Site Design 연구회에서 발간하여 일본에서 베스트셀러가 된 『살고 싶은 도시 100』을 번역 출간했을 때도 그런 아쉬움이 남았다. SSD 연구회에서 집필한 이 책은 전 세계 100개 사이트의 '지속가능한 도시 디자인' 사례를 광범위하게 다루었는데, 교통과 관련한 이슈는 상대적으로 부족했다. 이는 다른 세계 도시 기행 서적을 보면서도 떨칠 수 없는 아쉬움이었다.

이에 십수 년 전부터 도시 문화 공간을 바탕으로 '지속가능한 교통'을 각 도시별로 정리해보고자, 매년 방학이 되면 한 해도 거르지 않고 열심히 해왔던 일이 해외도시 답사를 떠나는 것이었다. 주로 항공사의 세계 일주 마일리지를 이용해 대륙별로 여러 도시를 몇 차례씩 방문하는 강행군이었다. 처음에는 계획가의 입장에서만 도시공간을 이해하고, 그저 의무적으로 교통인프라에 포커스를 맞춰 셔터를 눌러댔다. 그렇지만 짧은 머무름에 대한 아쉬움은 커져만 갔고, 그 도시에 대한 이해도 좀처럼 깊어지지 않았다. 이런 답사 패턴에 변화가 온 것은 오랜 친구인 손용선과 동행을 하면서부터다. 여러 도시를 다니는 데 초점을 맞추지 않고 한 도시에서 최대한 오래 머물기 시작했다. 친구와 함께 많이 보고 깊이 느끼고 같이 사진 찍는 슬로우 여행을 즐기게 되니, 자연스럽게 그 도시의 일상을 조금이나마 맛볼 수 있었다. 어떤 사진 한 컷이 아쉬워서 방문했던 도시를 다시 찾게 되는 경우도 생겼지만, 도시에 대한 이해는 한층 깊어졌다. 또 정성들여 찍은 사진을 통해 아름다운 도시의 모습을 재발견하기도 했다.

어느덧 세계 여러 도시의 교통과 문화 관련 자료들이 쌓이게 됐고, 이를 강의에도 적극 활용하고 있다. 또 꽤 오랜 기간 동안 교통안전공단의 사보(TS for you)를 비롯한 여러 매체에 '지속가능한 교통, 도시와 교통, 지구촌 교통문화여행' 등을 테마로 한 글을 연재하면서 자료를 체계적으로 정리해나갔다. 이들이 모두 이 책의 든든한 바탕이 되었음은 물론이다.

유럽연합에서는 이미 2002년부터 지속가능한 녹색성장, 에너지 효율이 높은 도시교통 실현, 지속가능한 교통을 위한 CIVITASCity VITAlity Sustainability 정책을 시행하면서, 그 성과를 유럽 도시들과 공유하고 있다. 또한 여러 도시들이 자동차 이용을 제한하는 교통수요관리TDM, 교통정온화Traffic Calming, 대중교통중심개발TOD 정책을 시행하고 있으며, 지금까지 자동차가 점유했던 도시 가로를 환경친화적인 노면전차Tram로 바꾸거나 보행자와 자전거 이용자를 위한 통합가로Complete Streets를 조성하는 데에 역점을 두고 있다. 우리 도시의 지향점 역시 크게 다르지 않을 것이다.

이 책은 ①역사와 문화 예술의 도시, ②친환경 교통과 저탄소 녹색도시, ③대중교통 중심의 도시재생, ④창조도시의 지속가능 교통 등 총 4개의 파트로 구성되었다. 지면 한계로 부득이 50개 도시만을 대상으로 했지만, 소개된 도시들은 모두 도시공간과 교통에 있어서 도시 본연의 정체성을 가지고 있다. 저마다의 독특한 특색을 가진 여러 도시의 구체적인 사례가 국내의 지속가능한 도시재생의 활성화와 인간 중심의 교통환경 조성에 많은 시사점을 줄 수 있을 것으로 기대한다. 교통정책이나 교통인프라에만 집중하지 않고, 도시의 고유한 역사와 문화, 예술에도 적지 않은 지면을 할애한 까닭은 도시에 관심 있는 일반인을 위한 고려이기도 하지만, 그보다는 도시와 교통이 그만큼 떼려야 뗄 수 없는 관계이기 때문이다.

전 세계 50개 도시의 자료를 모으기까지 예상보다 많은 시간이 소요되었지만, 이 책에 미처 싣지 못한 다른 도시들도 곧 자료를 보완하여 책으로 출간할 계획이다. 모쪼록 이 책이 건축 · 교통 · 도시 · 조경 · 토목 · 환경 등을 공부하는 이들은 물론 도시공간에 관심 있는 모든 이들에게 유의미한 길잡이가 되어준다면 그보다 더 큰 보람은 없을 것이다. 부작정 떠나는 것이 좋고, 여행을 사랑하는 이들에게도 이 책이 전해지길 소망해 본다.

마지막으로 지금까지 방학 때마다 짐을 꾸려 세계 곳곳을 여행할 수 있도록 무조건적인 동의를 해준 부인 박영리에게 정말 고맙다는 말을 전하며, 따뜻한 추천의 글을 써주신 원제무 교수님과 이 책이 나오기까지 고생한 남기준 편집장, 박광윤 편집팀장, 이은미 디자이너에게 큰 감사의 마음을 전한다.

2016년 5월

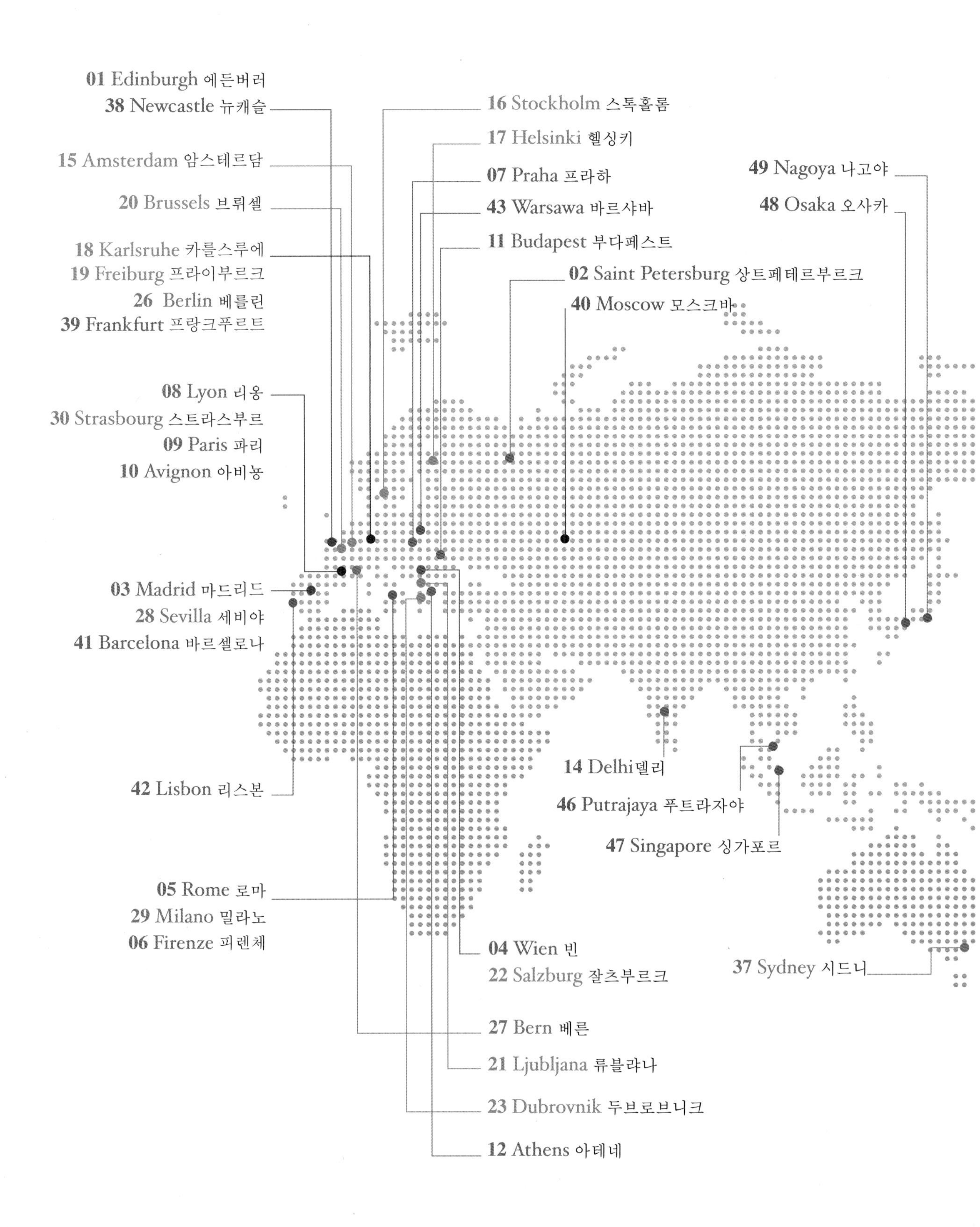

01 Edinburgh 에든버러
38 Newcastle 뉴캐슬
15 Amsterdam 암스테르담
20 Brussels 브뤼셀
18 Karlsruhe 카를스루에
19 Freiburg 프라이부르크
26 Berlin 베를린
39 Frankfurt 프랑크푸르트
08 Lyon 리옹
30 Strasbourg 스트라스부르
09 Paris 파리
10 Avignon 아비뇽
03 Madrid 마드리드
28 Sevilla 세비야
41 Barcelona 바르셀로나
42 Lisbon 리스본
05 Rome 로마
29 Milano 밀라노
06 Firenze 피렌체
16 Stockholm 스톡홀름
17 Helsinki 헬싱키
07 Praha 프라하
43 Warsawa 바르샤바
11 Budapest 부다페스트
02 Saint Petersburg 상트페테르부르크
40 Moscow 모스크바
49 Nagoya 나고야
48 Osaka 오사카
14 Delhi델리
46 Putrajaya 푸트라자야
47 Singapore 싱가포르
04 Wien 빈
22 Salzburg 잘츠부르크
37 Sydney 시드니
27 Bern 베른
21 Ljubljana 류블랴나
23 Dubrovnik 두브로브니크
12 Athens 아테네

32 Seattle 시애틀
33 Portland 포틀랜드
31 Minneapolis 미네아폴리스
34 Toronto 토론토
44 New York 뉴욕
24 Habana 아바나
50 Panamacity 파나마시티
35 Bogota 보고타
45 Lima 리마
25 Curitiba 쿠리치바
13 Buenos Aires
부에노스아이레스
36 Auckland 오클랜드

Part I

역사와 문화 예술의 도시

에든버러

세계의 문화수도, 페스티벌의 도시 에든버러

영국 스코틀랜드의 중심 도시인 에든버러는 구시가지와 신시가지 전체가 유네스코 세계문화유산으로 지정되어 있을 만큼, 고풍스러운 역사유적지와 함께, 유럽의 여타 도시보다 아름다운 자연과 스카이라인을 지닌 도시이다. 특히 에든버러 페스티벌이 열리는 매년 8월에는 전 세계에서 예술가들이 몰리고 있으며, 그 중에서도 프린지 페스티벌은 매우 유명하다. 이러한 에든버러의 세계문화수도로 성공할 수 있었던 도시브랜드 전략과 지속가능 교통에 대하여 살펴보기로 한다.

에든버러 구시가지와 신시가지 전체가 유네스코 세계문화유산으로 지정

에든버러는 15세기 이후 스코틀랜드의 수도가 되었으며, 면적 264km², 2014년 현재 인구 49만 명으로 스코틀랜드의 문화, 정치, 교육, 관광의 중심지 역할을 하고 있다. 중세에 번창한 도시의 모습과 18 · 19세기 도시계획에 의해 건설된 시가지가 공존해 서로 다른 두 시대가 멋지게 조화를 이루며 현대에 계승되고 있다.

유럽의 아름다운 계획도시로서 매력이 가득한 구시가지와 신시가지는 모두 1995년 유네스코 세계문화유산으로 등록되었다. 특히 건물의 신축이 금지된 구시가지는 오래된 시가지의 모습이 그대로 보존되어 유구한 역사를 느끼게 한다.

에든버러의 중앙부에 동서로 뻗어 있는 프린세스 스트리트, 스코틀랜드의 문인 월터 스콧의 기념상, 프린세스 스트리트 정원, 에든버러 성과 칼톤 힐에서 바라본 스카이라인은 대단히 아름답고 경이로운 분위기를 연출한다. 옛 모습 그대로 길들이 서로 얽혀있는 로열 마일Royal Mile을 거닐며, 홀리루드 궁전과 퀸스 드라이브Queen's Drive 일대에 펼쳐지는 거대한 홀리루드 공원Holyrood Park에서 시민들이 여유 있는 한때를 보내는 에든버러의 일상적인 모습은 아주 인상적이다.

에든버러 성으로 이어지는 구시가지의 중심도로 로열 마일(Royal Mile)

에든버러 중심부 동서로 뻗어 있는 메인 도로 프린세스 스트리트

에든버러 도시 곳곳에서 열리는 세계 최대 규모의 프린지(Fringe) 페스티벌

에든버러 도시의 슬로건 The Festival, 세계 최대 규모 프린지 페스티벌

에든버러의 'The Festival'은 4월 사이언스 페스티벌을 시작으로 6월 필름 페스티벌, 7월 재즈 앤드 블루스Jazz & Blues 페스티벌, 아트Art 페스티벌, 그리고 절정에 이르는 8월에는 밀리터리 타투Military Tattoo, 프린지Fringe 페스티벌, 인터내셔널 페스티벌, 북 페스티벌이 열리고, 10월 스토리텔링 페스티벌, 12월 호그마니Hogmanay 페스티벌과 뉴이어New Year 파티까지 이어진다.

인터내셔널 페스티벌은 1947년에 제2차 세계대전으로 인해 상처받은 이들을 치유하려는 목적으로 처음 시작되었다고 한다. 여러 나라에서 클래식 음악, 오페라, 연극, 춤, 비주얼 아트 등 다양한 분야의 아티스트가 초청되는 대규모 공연이지만, 무엇보다 에든버러가 페스티벌 도시로 세계적 명성을 얻게 된 것은 당시 행사에 초대받지 못한 공연, 주변Fringe이란 뜻에서 유래된 프린지 페스티벌 때문이라 할 수 있다.

8월 페스티벌 기간 중에는 에든버러 중심부 로열 마일과 마운드Mound Precinct에서 즉흥 거리공연을 하고 야외에서 카니발 형식의 퍼포먼스를 펼쳐 도시 전체를 축제 분위기로 한층 띄우며 최대의 볼거리를 제공한다. 필자가 이곳을 방문했을 당시 전 세계에서 온 수많은 인파 속에서 우연히 한국 공연 팀과 마주치게 됐는데 멀리서 만난 기쁨에 아주 반가웠던 기억이 있다. 저녁 에든버러 성 광장에서 열리는 밀리터리 타투 공연도 유명한데, 사람들이 워낙 몰리기 때문에 공식적인 에든버러 페스티벌 웹사이트(www.

edinburghfestivals.co.uk)에서 공연 일정과 티켓 정보 등을 미리 확인하는 게 좋다.

에든버러의 도시브랜드 'Inspiring Capital', 삶의 영감과 창의성이 솟아나다

먼 곳에서부터 사람들을 끌어들이는 스코틀랜드의 도시 경쟁력과 도시브랜드 개발 전략을 주목할 필요가 있다(www.edinburghbrand.com).

에든버러가 The Festival을 도시 슬로건으로 내세울 정도로 유럽의 대표적인 축제도시로 성장한 것은 프린지 페스티벌 때문이다. 이 프린지 페스티벌은 공식 초청공연으로 이루어지는 인터내셔널 페스티벌과는 달리 자유참가 형식으로 해마다 수백 개의 공연단체가 참가하는데, 2013년에는 4만5464명이 참여하여 2871개의 공연이 펼쳐졌으며, 판매되는 티켓 수만도 200만 장에 이르러 세계 최대 규모의 페스티벌로 기록되고 있다.

이에 에든버러는 문화예술 및 창조산업이 성장하는 지속가능한 도시를 만들기 위해 2005년 도시브랜드 개발과 도시마케팅 전략을 세우는 데 착수하게 된다. 에든버러 도시브랜드 에센스는 삶에 영감을 주고 창의성이 솟아나는 도시, 'Inspiring Capital'로 정하고, 체계적으로 도시의 정체성과 비전을 담은 도시브랜드를 개발하고 있다.

에든버러 성에서 바라본 도시경관, 멀리 북해와 아름다운 스카이라인을 지닌 도시

오랜 역사를 지켜온 스코틀랜드의 상징인 에든버러 성 앞에 설치된 야외공연장

유네스코 창의도시 1호, 에든버러 문학도시

창의도시란 문화적 도시환경과 문화 · 예술 · 지식정보 산업 분야에 인적 자원 등의 충분한 기반을 갖추고, 독자적인 성장을 추구하는 도시를 말한다. 유네스코 창의도시 네트워크(Creative Cities Network, CCN)에서는 2004년부터 문학, 영화, 음악, 공예 및 민속예술, 디자인, 미디어예술, 음식 등 7개 분야를 선정하기 시작했는데, 바로 에든버러가 그 해 최초의 문학 창의도시로 선정됐다.

에든버러는 셜록 홈스의 코난 도일, 지킬 박사와 하이드의 로버트 루이스 스티븐슨과 같은 유명 작가의 고향이며, 조앤 롤링이 에든버러 성을 보면서 해리포터를 완성하는 등 문학과 인연이 깊은 도시다.

2015년 현재 유네스코 창의도시로 세계 116개 도시가 지정되어 있다. 창의도시가 되면 문화 · 창의자산을 확보할 수 있으며, 전 세계 네트워크를 통해 상호 교류하고 국제적 명성을 얻을 수 있다. 우리나라에서는 서울(디자인), 이천(공예), 전주(음식), 부산(영화), 광주(미디어아트) 그리고 통영(음악)이 최근 선정되었다.

지속가능 교통, 에든버러 교통전략 Local Transport Strategy

에든버러 시 중심부의 도로는 만성적인 정체에도 불구하고 다른 역사도시와 마찬가지로 전통적인 건축물의 개축이 엄격히 제한되어 주차장 확보나 도로의 확폭 등이 어려운 실정이다. 이에 2001년부터 지방교통전략 LTSLocal Transport Strategy를 수립하여 자동차 이용 억제, 교통지체 해소, 대기오염과 교통사고 감소 등의 독자적인 교통계획을 시행해 왔다.

그 가운데 우선 전략은 런던과 같이 혼잡세를 도입하여 교통량을 2016년까지 30% 감소시키는 계획이었다. 그러나 2005년 2월 주민투표 결과 총 29만1228명 중 찬성 4만5965표(25.6%), 반대 13만3678표(74.4%)로 혼잡세 도입이 부결되었다.

그러나 최근 보도된 바에 의하면 향후 4년 내에 도심에 진입하려는 차량을 대상으로 사전예약제도를 시행한다고 한다. 특히 'LTS 2014-2019'에서는 건강, 웰빙, 대기의 질과 매력적인 도시를 만드는 보행자와 자전거를 우선으로 한 교통전략을 추진하고 있다(www.edinburgh.gov.uk).

화산 활동으로 인해 만들어진 자연공원, 홀리루드 파크(Holyrood Park)

57년 만에 다시 도입된 에든버러 트램, 시내에서 공항까지 33분

에든버러 트램은 1871년부터 1956년 11월까지 오랜 기간 운영을 했었으나, 당시 새로운 통합대중교통 서비스를 구축하며 폐지되었다. 2001년 초부터 버밍엄, 맨체스터, 노팅엄 등지에서 트램이 성공적으로 운행되며 친환경 시스템으로 유용성이 재인식됨에 따라, 에든버러도 이를 도입하기로 결정하고 2007년부터 공사를 시작하여 2014년 다시 성공적으로 부활하였다(www.edinburghtrams.com).

그동안 재정문제 때문에 공사가 많이 지연되었지만 마무리 시험 운행을 마치고 지난 2014년 5월 31일 마침내 개통하였다. 1단계 운행구간은 총 15개 역으로 에든버러 공항에서부터 신시가지 요크 플레이스York Place까지 총 14km가 동서로 연결되었다. 42.8m 차량에 27편성으로 운행 첫 해 연간 수송인원은 492만 명을 기록하고 있다. 운행소요시간은 약 33분으로 시내 도로 정체에 대한 걱정 없이 공항까지 이동하는 데에 정시성을 확보하고 있다.

THE QUEEN'S GALLERY
THE
EEN'S
LLERY

퀸스 갤러리, 홀리루드하우스 궁전(The Palace of Holyroodhouse) 건너편 스코틀랜드 국회의사당

아름다운 문화유산을 지닌 러시아의 예술 도시

러시아의 상트페테르부르크는 네바 강이 도시 중심을 가로질러 핀란드 만으로 흐르고, 수많은 운하와 다리가 종횡으로 둘러싸고 있어 북유럽의 베네치아로 불린다. 도심의 네프스키 대로에는 역사적인 멋진 건축물과 관광 명소가 즐비하고, 여름의 백야가 유난히 아름다워 많은 관광객들이 찾고 있다. 소비에트연방시대에는 레닌그라드라고 불렸으며, 러시아가 자랑하는 대표적인 문화예술도시다.

러시아가 자랑하는 문화예술의 도시

상트페테르부르크St.Petersburg는 발트해 동부의 핀란드만의 동쪽 끝에 위치해 있다. 러시아에서 모스크바에 이은 제2의 도시로 레닌그라드 주의 행정중심 주도이다. 과거엔 러시아 제국의 수도이기도 했으며, 소비에트연방시대(1924–1991년)에는 '레닌그라드'라고 불렸다. 핀란드 헬싱키까지 300km, 에스토니아의 탈린까지는 350km 거리로 유럽과 가까운 곳이며, '유럽을 향해 열린 창'이라 불렸을 정도로 러시아의 다른 도시와 달리 초창기부터 유럽에 크게 개방됐다.

인구는 2014년 기준 513만 명으로 유럽에서 네 번째로 많은 도시이며, 발트 해의 중요한 항구도시로서 네바 강 하구 삼각주의 섬들과 양쪽으로 퍼지는 운하망이 발달해 철도 · 국제 항로의 요충지이다. 모스크바가 러시아의 정치와 경제의 중심이라면, 상트페테르부르크는 문화 · 예술의 도시이다. 10월 혁명이 일어났던 곳이기도 해 러시아 역사의 변천사를 그대로 담고 있다.

제정시대에는 이 도시를 무대로 도스토옙스키, 푸시킨, 고골, 투르게네프 등 러시아 대문호들이 활약하며 수많은 작품이 다루어졌으며, 러시아를 대표하는 공연무대인 마린스키 극장 등에서 오페라 및 발레가 매일 상연되는 등 매년 100여 개의 축제와 문화 행사가 열리고 있다.

상트페테르부르크의 중심 네프스키 대로에 있는 카잔성당, 러시아군의 영광을 상징하는곳

상트페테르부르크의 상징, 러시아 혁명의 발상지, 궁전광장

역사지구 관련 건축물, 1990년 세계문화유산 등록

상트페테르부르크는 네바 강 안의 늪지와 섬에 인공적으로 조성된 계획도시로서, 이때 건설된 수많은 운하와 다리가 광대한 도시계획의 전형을 보여주고 있다. 그리고 1990년에 상트페테르부르크 역사지구와 관련한 기념물들Historic Centre of Saint Petersburg and Related Groups of Monuments이 유네스코 세계문화유산으로 지정돼 도시 전체가 하나의 문화유산 군이 되고 있다.

이처럼 문화유산으로 등재된 이유는 무엇보다도 도시설계적 측면에서 구 레닌그라드 시절 표트르 대제가 일관성 있게 석조와 대리석으로 된 예술적 건축물 스타일을 창조했고, 주변과 조화로운 건축물은 18~19세기 러시아와 핀란드의 건축과 기념비적 예술품의 발전에 큰 영향을 끼쳤기 때문이다.

상트페테르부르크는 1917년 볼셰비키 혁명이 성공한 기념비적인 곳이며, 바로크와 신고전주의의 빼어난 건축물들과 바로크 양식으로 지은 황제의 저택을 포함해, 데카브리스트 광장에 세워진 조각가 팔코네E.Falconet의 작품인 표트르 대제 청동기마상 등은 당시 상트페테르부르크의 위상이 어떠했는지를 짐작하게 한다.

아름다운 네바 강의 도시

상트페테르부르크는 네바 강의 도시로 불릴 정도로, 해상 교통이 발달했다. 강 하류의 자연 풍경과 연안에 줄지어 있는 역사적인 건축물이 조화롭게 어우러진 아름다운 풍경을 지니고 있다. 네바 강의 길이는 74km 정도로 시내 구간의 통과 부분은 32km나 된다. 현재도 거대한 화물선이 정기적으로 운행되고 있으며, 네바 강의 유람선과 수많은 작은 보트들이 관광객들을 태우고 다닌다.

유람선을 타고 네바 강 투어를 하면, 아름다운 운하와 그림 같은 선착장, 그리고 여러 다리와 마주치게 되고 파블로프스크 요새를 돌게 된다. 상트페테르부르크를 건설하면서 네바 강의 요충지에 가장 먼저 요새를 쌓고 방호했던 곳이 바로 페트로 파블로프스크 요새이다. 이곳은 나중에 정치범 수용소로 쓰였지만, 요새 내부에는 피터 폴 성당, 표트르 대제의 동상 등이 있다. 선착장으로 나가면 강가에서 여유롭게 선탠을 즐기는 사람들이 여름 풍경의 특별한 즐거움을 준다.

바실리예프스키 섬은 네바 강 삼각주에 있는 가장 큰 섬으로, 네바 강은 이곳을 지나 핀란드 만과 합류하게 된다. 과거 표트르 대제가 이 섬에 도시의 중심부를 세우기로 해 네바 강의 진주라고 불린다. 어느 지역보다 도시계획이 잘 돼 있어서 섬 전체에 격자형 도로가 형성돼 있다. 그리고 강변도로를 따라 늘어선 건축물들은 도시의 초창기 역사를 고스란히 지니고 있으며, 현재는 조용한 주거지역으로 대학과 연구기관, 박물관 등이 몰려 있다.

유람선 투어를 하는 네프스키 대로 선착장, 네바 강의 도시로 불릴 만큼 해상교통이 발달됐다

교회 앞 이삭광장에는1859년 제작된 황제 니콜라이 1세 동상이 세워져 있다

상트페테르부르크는 네프스키 대로로 통한다

상트페테르부르크의 도심은 네프스키 대로를 중심으로 가장 넓고 길게 이어져 있다. 모든 길들이 이곳으로 통한다고 해도 과언이 아닐 만큼 도시의 중심지이자 가장 아름다운 거리 중 하나로 손꼽힌다. 네바 강변에 있는 해군성부터 궁전광장까지 약 4.5km가 이어진 이 거리에는 극장과 음악당, 박물관, 호텔, 수많은 레스토랑과 카페, 상점들이 모여 있다.

그 중에서도 러시아 바로크 양식을 대표하는 건축물로서, 현재 에르미타주 박물관으로 사용하고 있는 겨울궁전은 정말 볼만하고 인상적이다. 약 279만 점의 유물을 소장하고 있으며, 전시홀이 400개가 넘는 규모로, 세계 4대 박물관 중 하나이다. 그 앞에 있는 드넓은 궁전광장과 한가운데 높이 47.5m에 돌 무게가 600여 톤에 이르는 알렉산드로프스카야 원주를 바라보면 과거 러시아 황제의 권력을 절로 느끼게 된다.

또한 네프스키 대로는 상트페테르부르크를 대표하는 모이카, 그리보예도프, 폰탄카 3개의 운하와 다리가 대로를 가로지르고 있어서 더욱 아름다우며, 이 길을 걸으면 18세기부터 21세기까지 건축된 러시아의 화려한 역사적인 건축물들을 고스란히 볼 수 있다. 그러나 거리를 꽉 메운 관광객들, 아직 운행되고 있는 트롤리 버스와 혼재된 차량 정체 등으로 인해 과거 러시아 문학작품에 등장하는 것과 같은 고풍스러운 분위기가 다소 반감된 것은 어쩔 수 없다.

넓은 오픈스페이스의 원로원 광장에 있는 표트르 대제 청동기마상

성이삭 대성당(1858년 완공, 러시아에서 가장 큰 규모로 높이 101m)

1955년에 개통된 오랜 역사의 대심도 지하철

상트페테르부르크 지하철은 1940년에 주요 철도역을 모두 연결하기 위해 건설되기 시작했다. 1955년에 처음 개통된 1호선은 매우 오랜 역사를 지니고 있다. 현재는 5개 노선에 연장 113km이며, 67개 역에 1일 약 343만 명의 많은 승객이 이용하고 있다. 각 역마다 그 지역의 주요 인물들의 역사가 관련돼 있어서 알기 쉽게 이용할 수 있지만, 실제 승강장까지 많이 걸어야하는 불편함도 있다.

특히 지하철역은 화려한 대리석 장식과 수많은 예술작품 등 전형적인 모스크바의 지하철 양식을 보이며, 세계적으로도 매력적이고 우아한 지하철로 유명하다. 그리고 구소련의 다른 도시와 달리 시내 중심부에 있는 모든 역이 매우 깊게 건설된 것이 특징이다. 습지라는 지질적인 이유도 있지만, 105m 아래 건설된 대심도 지하철 4호선 아드미랄테이스까야 역의 경우 모스크바처럼 냉전시대 방공호를 겸해 건설됐기 때문이다.

1980년대에는 약 340km의 세계적인 트램 네트워크를 보유한 적이 있지만, 지금은 39개 노선만 운행되고 있다. 근래 건설된 지하철 노선은 교외 주택지역에 이르면 점차 얕아져서 일부는 지상을 달리는 곳도 있으며, 현대적인 에스컬레이터와 조명 등 역사의 접근성을 높이는 기능을 지속적으로 보완하고 있다고 한다. 장기적으로는 환상선도 건설하는 등 2025년까지 총연장 2배를 목표로 대규모 확장 계획도 추진하고 있다.

볼셰비키 혁명의 시발점이 되었던 순양함이 정박해 있다

여름의 백야 때문에 밤늦은 시간에도 네프스키대로는 활기차다

마드리드

문화예술과 전통이 살아있는 스페인의 행정 수도

스페인 마드리드는 해발 약 650m 고원에 시가지를 둘러싸듯 건설된 환상도로 내에 도시 기능이 고밀도로 배치돼 있으며, 이곳에 역사적인 문화유산이 많아 전통과 현대가 공존하는 도시다. 그러나 이 M30 환상도로에 둘러싸인 만사나레스 강변은 시민들과 단절되고 심한 교통 정체가 발생돼 왔다. 이에 우회하는 대심도 지하도로를 건설하고 강변을 정비하는 마드리드 칼레 30 프로젝트를 성공적으로 추진, 그린시티 마드리드로 새롭게 변모시켰다.

유럽 3위권의 글로벌 도시 마드리드

스페인 행정 수도인 마드리드는 이베리아 반도의 경제 중심지이기도 하다. 2014년 현재 606km² 면적에 인구 약 316만 명, 도시권 인구는 649만 명이 모여 사는, 유럽연합EU에서는 런던과 파리에 이은 제3위권의 글로벌 도시다. 유럽의 경제 분야에 있어 런던이 1위, 파리가 2위이며, 마드리드는 3위인 베를린과 근소한 차이로 경쟁하면서 4위를 지키고 있다.

마드리드는 현대적인 도시 인프라를 충분히 보유하고 있으면서, 세계에서 가장 아름다운 궁전 가운데 하나인 마드리드 왕궁과 레티로 공원 주변의 프라도 미술관, 알칼라 문, 시벨레스 광장 등 도시 곳곳에 풍부한 문화유산을 그대로 간직하고 있어 스페인의 옛 정취와 정열을 느낄 수 있는 역사와 문화의 도시이기도 하다.

스페인 국도의 기점(0km), 마드리드의 중심 푸에르타 델 솔 광장

태양의 문이라는 뜻의 푸에르타 델 솔Puerta del Sol은 15세기 마드리드를 둘러싼 동쪽 성벽의 문으로 문의 입구가 태양이 뜨는 동쪽을 향해 설치되었던 것에서 유래한다. 현재 성의 문은 없지만 푸에르타 델 솔은 도시로 들어가는 관문의 표지였으며, 서쪽으로는 왕궁으로 길이 나 있고 남서쪽으로는 마요르 광장 및 메인 스트리트 그랑비아Gran Via와 연결되어 있다.

동쪽에 있어 '오리엔테 궁전'이라고도 불리는 마드리드 왕궁의 모습

이러한 솔 광장은 스페인 모든 지역의 중심지라는 의미에서 바닥에 9개의 국도의 기점을 표시하는 0km 표시가 새겨져 있으며, 광장 북측에는 마드리드 시를 상징하는 곰 동상이 있다. 이곳 지하에는 마드리드 지하철 1, 2, 3호선과 광역철도가 연결된 대중교통의 허브로서, 교외 지역에서의 접근성도 매우 좋아서 마드리드뿐만이 아닌 스페인의 상징적 중심이 되고 있다.

그리고 무엇보다도 구시가지의 치안 정비와 함께 마드리드 슬로우 프로젝트 등으로 환경 정비와 역사적인 건축물의 리노베이션이 진행되었고, 도심 보행자 중심의 도로 구간에 차량 진입 규제 등이 이루어지고 있다.

지하철과 광역철도, 노선연장 650km 세계적 규모

마드리드의 지하철은 1919년 최초 개통되었으며, 현재 12개 노선, 노선연장 283km, 총 293개 역이 있다. 그 밖에 메트로 리헤로Metro Ligero라고 하는 경전철 3개 노선을 포함하여 1일 250만 명을 수송하고 있어 도시 인구에 비해 도시 철도망은 아주 잘 갖추어져 있다고 볼 수 있다. 한편 건설 연대가 오래된 지하철역은 전형적으로 매우 작아서 파리 지하철역과 비슷하지만, 최근 건설된 역들은 자연스러운 느낌의 조명이나 여유 있는 출입구 등으로 세계적인 수준으로 평가받고 있다

국립 프라도 미술관 옆에 있는 성 제로니모 성당

솔 광장에서 마드리드 왕궁까지 이어지는 구시가지 중심 보행자 몰

(http://www.metromadrid.es/en/index.html).

광역철도Cercanías Madrid는 마드리드와 그 주변 대도시권으로 운행되는 통근 열차로서 렌페(RENFE, 스페인 국철)의 통근 열차 부문인 세르카니아스 렌페Cercanías Renfe에 의해 운영되고 있다. 노선 총연장 길이는 339.1km로 13개 노선(10개 간선, 3개 지선)이 외곽의 주요 지역에서 도심지로 쉽게 접근하도록 노선망이 잘 구축되어 있다. 특히 마드리드 대중교통 시스템은 외곽과 장거리를 연결하는 버스터미널을 비롯하여 광역철도의 환승역이 잘 갖추어져 있고, 지하철과 버스를 동일한 티켓으로 이용하는 통합요금제 시행 등으로 환승 연계 시간과 비용을 최소화하고 있다.

아토차 역의 구 역사를 식물원으로 조성 명품 역으로 변화

스페인 정부의 인프라 정비계획 가운데 아주 중요한 정책으로 다루고 있는 것이 고속철도망이다. 계획대로 2020년까지 1만km를 확충하게 되면 스페인의 90% 이상의 도시가 50km 권내에서 직접 접근하는 것이 가능하게 된다.

아토차 역Estacin de Atocha은 마드리드와 세비야Sevilla, 예이다Lleida를 연결하는 고속철도 아베AVE와 포르투

도심 속 120ha에 이르는 레티로 공원 주변 이정표

푸에르타 델 솔(솔 광장)의 마드리드 상징 소귀나무와 곰 조각상

마드리드 시내를 감싸고 있는 레티로 공원

스페인 독립전쟁의 승리를 기념한 개선문, 알칼라 문

갈 리스본의 국제 열차와 도시권 근교 노선을 연결하는 마드리드 최대 터미널역이다. 여기에 1992년까지 사용했던 구 역사는 외관은 보존하면서 내부는 승객 서비스를 위한 상업시설과 테라스 카페, 대합실 등으로 이용하고 있다. 구 역사 천정을 철과 유리로 막아 현대식으로 디자인하고 높은 공간에 식물원을 조성하여 세계 어느 곳에서도 쉽게 볼 수 없는 강한 인상을 남기는 명품 역으로 관광객에게 기억되고 있다.

서울시에서 벤치마킹한 Madrid Calle 30 지하도로 프로젝트

마드리드의 M30은 1920년대부터 계획되어 1970년대 초반에 건설된 환상형 고속도로이다. 이 도로는 마드리드의 서쪽에 있는 만사나레스 강Manzanares River과 대형 도시공원들을 따라 불합리하게 선형이 계획됨에 따라 강변이 도로에 둘러싸여 시민들과 단절되는 등의 문제점을 안고 있었다. 이에 마드리드 시는 지난 2007년부터 'Madrid Calle 30' 프로젝트를 통해 교통정체가 심한 구간을 우회하는 대심도 지하도로 건설을 계획하고 만사나레스 강변도로 지하화를 통해 하천 기능을 회복하는 데 노력했다. 그 결과 교통량이 5% 줄었고, 차량 운행 속도가 2% 개선되었으며, 교통사고도 줄었다. 대기오염의 주요 원인인 매연은 80% 이상 감소했다.

그리고 2008년 1월 마드리드 리오 프로젝트Madrid Río Project를 착수하여 강변을 따라 6개 지역 820ha의 구간에 걸쳐 자전거 및 보행자를 위한 11개의 교량, 30km의 자전거도로, 산책길, 도심해수욕장urban beach, 키오스크kiosks, 카페와 레스토랑, 문화체육시설 등 시민 삶의 질을 개선하기 위한 거대한 사업도 함께 진행하였다(http://www.gomadrid.com/beach).

한편 서울시는 마드리드 M30 프로젝트를 벤치마킹하고 이와 같은 방법으로 중랑천의 동부간선도로 지하화 사업을 포함하여 6개 노선, 149km의 지하 도로망 계획을 발표하고 추진 중이다.

미래 친환경 도시를 준비하는 마드리드

마드리드는 2016년 올림픽 유치에 대비해 에너지 절약과 효율화를 위하여 지속적인 에너지 이용과 지구온난화 방지계획(2008~2012년)을 도입하여 2012년까지 14%의 이산화탄소 배출 감소(2004년 대비)를 목표로 55개의 시책을 실시했다. 최종 올림픽 개최지가 브라질의 리우데자네이루로 결정되었지만, 마드리드는 미래의 그린시티를 위한 각 분야의 세부 정책을 계속 추진했다. 특히 교통 분야에서 전기자동차EV 보급을 적극적으로 추진해, 국가에서 추진하는 EV보급촉진계획Plan MOVELE의 시범 도시로 선정되어 전기 충전 스탠드가 설치되었다(www.madrid.es).

강변 자전거도로와 보행공간을 비롯하여 하천을 재정비한 만사나레스 강

마드리드에서 가장 오래된 아토차 역 옛 건물에 대규모 식물원을 꾸며 역 휴식공간을 제공했다

아름다운 숲과 음악의 도시

오스트리아의 수도 빈은 중심부의 상징적인 순환도로 링 슈트라세를 따라 유서 깊고 다양한 건축 양식의 역사적인 경관을 잘 보전하고 있다. 특히 세계적인 음악 도시로서의 자부심을 통해 시민들에게 강한 귀속의식을 갖게 하고, 이곳에서 활약했던 음악가의 발자취를 소중히 여겨 이들의 이름을 붙인 큰 길이나 광장, 공원 및 기념상이 많다. 또한 빈 필하모니의 신년연주회를 시작으로 일 년 내내 음악회와 무도회가 열리고 있다.

세계에서 가장 살기 좋은 도시 오스트리아 빈

오스트리아의 수도 빈은 영어로 비엔나라고 불리고, 문화, 경제, 정치의 중심지로서 인구는 2015년 현재 182만 명이며, 요한 슈트라우스의 왈츠와 아름답고 푸른 도나우 강 등의 이미지가 더해진 세계가 인정하는 클래식 음악의 도시이다.

세계적인 컨설팅 회사 머서Mercer에서 215개 도시를 대상으로 정치, 사회, 경제, 문화, 공공 서비스, 자연환경 등을 기준으로 삶의 질을 평가한 결과, 빈이 2010년 세계 1위에 뽑히기도 했다. 그리고 2014년 미국 싱크탱크Think Tank가 공표한 비즈니스, 인재, 문화, 정치 등 세계 도시 순위에서 16위, 유럽에서는 런던, 파리, 브뤼셀, 마드리드에 이어 5위를 차지한 도시이다.

빈은 지리적으로 왼쪽의 알프스 산맥과 오른쪽 카르파티아 산맥의 사이를 흐르는 도나우 강의 상류 지역에 위치하기 때문에 동서 유럽 사이의 요충지이기도 하다. 빈 근교 서쪽과 남서쪽에 펼쳐진 광활한 숲으로부터 수많은 강 지류들이 시내로 흘러들어 온다.

세계문화유산 빈 역사지구, 가장 번화한 보행자전용도로 케른트너 슈트라세

쇤브룬 궁전과 주변의 정원까지 세계문화유산으로 지정되었다(1996년)

매년 여름 빈 시청광장에서 열리는 뮤직 필름 페스티벌

구시가를 둘러싼 환상도로 링 슈트라세

빈의 역사는 13세기 명문 합스부르크 왕가가 수도로 정하면서부터 시작된다. 16세기에 절정기를 맞이한 합스부르크 왕가는 19세기 중순 제국 각지에서 독립을 요구하는 폭동이 일어나는 등 최대의 위기를 맞이하게 되었고, 마지막 황제 프란츠 요제프가 빈의 근대화를 위해 도시의 대대적인 개조를 추진하였다.

현재 빈의 상징인 환상도로 링 슈트라세Ringstrasse가 이때 만들어졌다. 링 슈트라세는 구시가를 둘러싸고 있던 성벽을 무너뜨리고 폭 58m의 도로로 만들어졌고 대로변에는 국회의사당, 국립오페라극장, 시청사, 빈 대학 본관 등 역사적인 건축물들이 들어섰다.

제2차 세계대전 후 빈은 베를린과 같이 분할점령을 당하고, 1955년 중립국 오스트리아의 수도로 재출발했다. 그리고 동서 유럽의 중심도시로 부활하기 위해 파괴된 역사적인 건물을 복구하면서 역사적 경관의 보존 · 재생사업을 적극적으로 시행하였다(www.wien.gv.at).

시가지의 경관 보존, 세계문화유산 빈 역사지구

빈의 역사지구는 구시가를 중심으로 한 역사 문화의

빈 City Bike. 전체 23개 구역에 66개소의 무인 자전거 대여소가 있다

빈 전망대에서 바라본 도나우 강변의 아름다운 주택단지

유적지로, 링 슈트라세를 따라 걷다 보면 유서 깊고 다양한 건축 양식과 역사적인 경관이 잘 보전되어 있음을 느끼게 된다. 제2차 세계대전으로 피해를 입었다고는 하지만 독일 도시처럼 구시가지가 전부 파괴되지는 않았고, 공습된 역사적 건물의 대부분이 수복 재건되었다. 그 가운데 빈 시민들이 제일 먼저 재건하려 했던 건물은 역시 예술의 도시답게 국립오페라극장인 빈 슈타츠오퍼Staatsoper였다고 한다.

지난 2001년에는 빈의 상징인 슈테판 사원이나 구시가를 포함하는 역사지구가 빈 역사지구Historic Centre of Vienna라는 이름으로 유네스코 세계문화유산에 등록되었다. 여기에는 구 왕궁(호프부르크, 현재는 대통령 관저나 박물관, 국립도서관 등으로 사용), 국회의사당, 국립오페라극장, 부르크극장, 자연사 박물관, 미술사 박물관, 빈 대학 등이 있고, 그 외에 쇤브룬 궁전과 벨베데레 궁전이 포함된다.

빈 필하모니 신년음악회 시작으로 일 년 내내 공연 열려

빈은 세계가 인정하는 음악의 도시답게 이곳에서 명성을 날린 하이든, 모차르트, 베토벤, 슈베르트, 요한 슈트라우스, 브람스, 말러 등 세계적인 음악가의 발자취를 소중히 여기고 있다. 구시가지에는 이들 음악가의 이름을 붙인 가로나 광장 등이 눈에 많이 띈다. 슈테

오스트리아 최고의 로마네스크 및 고딕 양식, 구시가지 중심 랜드마크인 성 슈테판 대성당

판 광장과 보행자전용도로 케른트너 거리 등 어느 곳에서나 쉽게 티켓을 구매하여 이들의 음악을 감상할 수 있다.

이 도시가 자랑하는 빈 교향악단, 빈 필하모니 관현악단, 빈 소년 합창단이 세계 무대에서 활약하고 있는 것도 음악 도시의 명성을 확고하게 하고 있다. 또한 빈에는 국립오페라극장을 비롯하여 세계적으로 유명한 극장이나 콘서트홀도 많다. 그 가운데 빈 필하모니 관현악단의 본거지인 무지크페라인Musikverein홀에서 매년 1월 1일 공연되는 빈 필하모니 관현악단 신년음악회는 세계적으로 유명하며, 이를 시작으로 수많은 곳에서 시즌 동안 매일 오페라와 다양한 공연을 즐길 수 있다. 오페라 공연이 없는 7~8월에도 관광객을 위한 다양한 음식 축제와 음악회가 매일 열리는데, 마침 필자가 방문한 기간에도 시청 앞 광장에서 필름 페스티벌이 열려 한여름 밤의 재즈 음악을 감상한 기억이 새롭게 떠오른다.

포르셰 디자인의 최신형 노면전차, 역사적 경관과 잘 어울려

빈 대중교통은 비너리니엔Wiener Linien에서 지하철 U-Bahn 5개 노선(U1~U4, U6, 연장 68.9km)과 트램 30개 노선, 버스 83개 노선(야간버스 23개 노선 포함)의 차량을 운행하고 있다. 지하철 5개 노선 중 U4와 U6는 시가철도Stadtbahn(1898-1901년)를 1970년대 말 지하철로 개축해 재이용한 것이며, 다른 3개 노선은 1980년 이후에 새롭게 개통한 것이다.

이처럼 빈은 교외전철S-Bahn을 포함한 대중교통망이 잘 갖추어져 있어 연간 수송인원이 800만 명에 이르며, 출근 통행의 대중교통수단 분담률 또한 53%를 차지하고 있다(www.wienerlinien.at).

지하철의 정비가 늦어져 한때 세계 최대의 트램웨이를 가졌던 빈이지만, 지하철이 개통되면서 트램은 노선연장 214.9km로 지하철의 보완적인 역할을 하고 있다. 최신 저상형 트램은 지멘스Siemens에서 제작된 포르셰 디자인 차량으로 구시가지의 역사적 경관과 잘 어울리며 친환경 교통수단으로 주목받고 있다.

도시발전계획과 지속가능한 도시

시는 도시발전구상과 환경적으로 지속가능한 교통전략을 포함한 빈 도시발전계획 'STEP 2005'를 수립하고 이를 적극 추진하고 있다. STEP의 주요 목표는 첫째, 좋은 입지조건과 기반시설 등을 갖춘 비즈니스 투자 여건을 조성, 둘째, 다뉴브 강 수림대와 그린벨트를 유지한 쾌적한 주거공간의 보장, 셋째, 대중교통 시스템 중심의 개발, 넷째, 승용차 이용을 줄이고 자전거 이용 등 친환경 교통수단으로 전환, 마지막으로 문화, 사회, 교육, 보건 등 생활 공간과 레저 공간에 이르기까지 동등한 이용과 삶의 질 보장 등이다(www.wieninternational.at).

이 외에도 공영 자전거 시티 바이크City Bike를 운영하는 등 도시민들의 삶과 도시 전체의 발전을 위해 노력하고 있다. 시티 바이크는 전체 23개 구역으로 나뉘어 66개소의 무인 자전거 시스템을 운영 중이다. 요금은 1시간 이내는 무료이고, 2시간은 1유로, 3시간은 2유로 등으로 매우 저렴하다. 특히 웹사이트(www.citybikewien.at)를 통하여 이제까지 총 이용한 자전거 대수와 주행거리 등을 알 수 있으며, 모든 자전거 대여 장소의 이용 현황을 실시간으로 검색할 수 있어서 매우 편리하다.

39

세계에서 가장 낮은 단차 트램(Ultra Low Floor Tram), 포르셰 디자인 차량으로 역사지구와 잘 어울린다

역사지구의 도시재생과 지속가능 교통

고대 로마 시대의 문화유산을 그대로 간직하고 있는 로마는 역사지구에 차량 진입을 제한하기 위해 지난 2001년부터 교통통제구역을 지정하여 차량의 배기가스와 소음으로 인한 문화재의 훼손을 막고 있다. 그 외에도 지속가능 교통을 위해 기존 시가지에 미니 전기버스, Roma'n'Bike를 도입하는 등 세계적인 역사문화도시로서 성공적인 로마의 이미지를 만들고 있다.

로마 역사중심지

테베레 강변과 7개의 언덕 위에 펼쳐지는 영원의 도시 로마Rome. 로마는 기원전 8세기 팔라티노Palatine 언덕에 도시가 처음 생성된 이래 고대 에트루리아 시대, 로마제국 시대, 박해가 극심했던 그리스도교 포교 시대 등 기독교의 총본산으로서, 이탈리아 통일과 무솔리니의 출현 등 다양한 역사 변천과 함께, 고대 세계의 중심으로 번영하여 현재에 이르고 있는 2014년 기준 인구 290여만 명의 이탈리아 수도이다.

'로마는 하루아침에 이루어지지 않았다', '모든 길은 로마로 통한다'는 말에서 알 수 있듯이 로마는 예나 지금이나 전 세계에서 모여드는 사람들을 매료시키고, 과거의 유구한 역사가 현대까지 살아 숨쉬는 듯이 느껴지는 세계적인 역사문화의 도시이다. 역사도시란 지역적인 범위를 포괄하는 문화유산 개념으로 유네스코 세계유산센터에서는 현재도 사람이 거주하고 있으며 예전부터 발전해왔고 앞으로도 발전 가능성이 있는 도시를 이야기한다.

지역 특성에 따라 역사도시, 역사지구라고 하는데, 로마는 'Historic Center of Roma'로 불리고 있다. 성벽으로 둘러싸인 약 $14km^2$의 이 역사도심지구Centro Storico에는 중요한 고고학적 유적(콜로세움, 판테온 등)과 유적지(포로 로마노, 팔라티노 아피아 가도, 로마 목욕탕 등), 르네상스 시대의 유적(성 베드로 대성당, 캄피돌리오 언덕, 나보나 광장 등) 등 수많은 궁전과 대성당이 산재해 있다.

바티칸 시국 성 베드로 성당에서 바라다 본 성 베드로 광장과 로마 시가지 전경

또한 이 지구 안에는 산타 마리아 마조레 대성당, 산 조반니 인 라테라노 대성당을 포함한 12개의 교황령이 있으며, 테베레 강에서 서쪽으로 몇백 미터 떨어진 바티칸 언덕Mons Vaticanus 위의 바티칸 시국은 세계에서 가장 작은$0.44km^2$ 주권국으로 특별한 권리를 인정하고 있다.

로마 역사도심지구의 차량 진입 규제와 시행 효과

유럽위원회EC는 환경적이며 에너지 효율적인 지속가능 교통정책 프로그램인 'CIVITASCity VITAlity Sustainability'를 2002년부터 시행하고 있다.

CIVITAS Miracles 그룹에 속해 있는 로마는 이 CIVITAS 프로젝트를 계기로 2001년 10월부터 역사도심지구에 불필요한 통행을 제한하여 차량의 배기가스와 소음으로 인한 문화재의 훼손을 막고 차량 정체를 해소하기 위해, 총 6개 지구의 교통통제구역Zone a Traffico Limitato, ZTL을 지정하여 시행하고 있다. 유럽에서는 런던에 이은 최대의 전자식Automatic Control System, ACS 통행료 부과제도라고 할 수 있다.

부과 대상 지역에는 50개의 전자 게이트Electronic Gates가 설치돼 있고, 허가증Permesso Centro Storico을 부착한 차량만이 이 지역을 통과할 수 있으며 거주자와 장애인은 부과 대상에서 제외된다.

로마 교통의 중심 테르미니 철도역 앞 광장에 있는 대중교통 종합환승센터

베네치아 광장 근처 고대 로마인들의 터전 포로 트라이아노, 황제의 기둥

역사도심지구에 트램버스를 제외한 승용차 진입을 제한해 배기가스로 인한 문화재 훼손을 막고 있다

요금은 차량탑재기On Board Unit, OBU와 게이트Road Side Unit, RSU 간의 통신으로 이루어지며, 게이트가 OBU를 인식하지 않을 경우 카메라의 번호판 인식Automatic Plate Number Recognition, APNR 기술에 의해 위반 차량을 자동으로 감시하고 벌금을 부과하고 있다. 평일 주간에는 6시 30분부터 18시(토요일 14시~18시)까지, 야간에는 금 · 토요일 23시부터 새벽 3시까지 교통통제를 하고 있다.

친환경 대중교통 도입

로마는 CIVITAS 프로젝트를 통해 지구온난화 물질인 이산화탄소의 배출량을 줄이고 대중교통의 질을 높이기 위해 13개 노선에 천연가스(메탄) 버스를 도입했다. 그리고 장래 생태적인 역사지구Ecological Historic Centre 만들기를 프로젝트의 목표로 세운 대중교통 운

바티칸 시국의 전경(Palace of the Governorate of Vatican City State), 바티칸 정원 등

로마를 상징하는 거대한 원형 경기장 콜로세움

공용 자전거 대여 시스템 Roma'n'Bike

영회사인 ATAC은 역사지구 3개 노선에 전기버스를 도입했고, 야간 통행이 한정돼 있는 곳에 1개 노선을 추가로 도입했다.

실제 로마 대도시의 지하철은 2개 노선 총연장 30km에 불과하다. 중요 문화재와 유적으로 공사에 많은 제약이 있는 역사지구에 환경적으로 지속가능한 대중교통 시스템을 적용한 ATAC의 전기버스 노선 확충은 잘 계획된 정책 대안으로 검토되고 있으며, 최근 역사도심지구를 순환하는 노선에 미니 전기버스(길이 5.1m, 폭 2.3m)를 도입해 관광객에게 색다른 주목을 받고 있다.

로마 자전거 대여 시스템 Roma 'n' Bike

2008년 7월 로마 역사도시에 다소 늦은 감이 있지만, 자전거 대여시스템 Roma 'n' Bike가 도입됐다. 이미 유럽 여러 도시에서 성공적으로 운영하고 있어서 혁신적인 아이디어는 아니지만, 역사도심지구에서 스모그와 오염을 최소화한, 고대의 유적을 보존하고 지속가능 도시를 위해 이제 필수 교통수단 대안이 된 것이다.

자전거 보관소는 지리적으로 충분히 연구 · 분석하여 역사문화 유적지를 중심으로 19개소에 200대

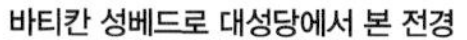
바티칸 성베드로 대성당에서 본 전경

역사지구에는 고대 로마의 문화유산을 그대로 보존하고 있다

의 자전거가 적절하게 배치됐다. 요금은 30분 이내는 무료이고, 31~60분에 1유로, 61~90분에 2유로, 91분 이후는 30분마다 4유로이며 매일 최대 사용 시간은 4시간으로 제한하고 있다.

Roma 'n' Bike의 홈페이지(www.roma-n-bike.com)에 접속하면 19개 스테이션별로 지도 검색을 할 수 있고, 현재 이용 상황을 실시간으로 알 수 있다. 컴퓨터를 이용할 수 없는 경우에는 프리다이얼을 이용하여 가장 가까운 곳의 자전거 대여 상황을 안내받을 수 있다.

포로 로마노 등 역사도심지구에서 역사문화자원의 복원이 지속적으로 이루어지고 있다

피렌체

르네상스의 발상지, 아름다운 역사도시

이탈리아 피렌체는 15세기 르네상스가 탄생한 문화적 중심지로서 도시 전체가 역사적인 건축과 조각, 회화 등이 가득한 꽃의 도시이다. 역사지구에서는 그 전체가 세계문화유산에 등재돼 수백 년 된 유적들과 문화유산을 보호하고 보행안전을 위해 시가지의 거의 반을 ZTL로 지정해 차량 출입을 철저히 통제하고 있으며, 시내 구간에는 전기미니버스를 운행하는 등 친환경 대중교통수단을 적극 도입하고 있다.

르네상스 예술과 문화의 발상지, 피렌체

피렌체Firenze는 고대 로마 시대 꽃의 여신 플로라Flora의 마을, 플로렌티아Florentia라고 부른 데서 유래했다고 한다. 아르노 강변에 위치해 면적(102.4km²)은 작지만, 2014년 기준 인구는 38만 명, 도시권 152만 명으로 토스카나 주에서 인구가 가장 많다.

역사상 중세 및 르네상스 시대에는 건축과 예술로 유명했으며, 13~16세기에는 메디치 가문의 지배하에 발전하면서 이탈리아 르네상스의 중심지가 됐다. 그리고 르네상스 발원지라는 명성에 걸맞게 역사지구의 교회나 박물관 등에 미켈란젤로, 보티첼리, 레오나르도 다빈치, 라파엘로 등 세계적 예술가들의 찬란한 발자취가 도시 전체에 남겨져 있다.

1982년에는 구시가지 역사지구가 유네스코 세계문화유산으로 지정됐고, 1986년에는 유럽문화도시로 선정된 바 있다. 이곳에는 영화 '냉정과 열정 사이'에서 사랑을 맹세하는 곳, 연인들의 성지로 잘 알려진 두오모(산타 마리아 델 피오레 성당)가 있다. 그 외에도 미켈란젤로와 갈릴레오의 묘비가 있는 산타 크로체 성당, 산 마르코 수도원, 우피치 미술관, 베키오 궁전 등 피렌체는 오래전부터 '지붕 없는 미술관'이라고 불릴 정도로 꼭 가봐야 할 아름다운 곳이다.

피렌체의 아름다운 시가지 전경, 멀리 베키오 궁전과 두오모가 보인다

시뇨리아 광장의 메디치 가문의 베키오 궁전, 시청사로 사용되고 있으며 탑 높이는 94m이다

산타마리아 노벨라 중앙역 3km권 내에 있는 역사지구

피렌체에서 가장 높은 곳에서 아름다운 시내를 한눈에 조망할 수 있는 곳은 미켈란젤로 광장이다. 1869년 건축가 주세페 포지Giuseppe Poggi가 아르노 강 남동쪽 언덕에 기존 성벽 일부를 철거하고 도시의 전경을 볼 수 있도록 설계했다고 한다.

이 광장 가운데에는 미켈란젤로 탄생 400주년을 기념해 세워진 다비스 상이 있으며, 특히 언덕 아래 동서로 흐르는 아르노 강은 아름다운 역사지구를 배경으로 피렌체의 번영을 가져다 준 역사적인 곳이란 것을 느끼게 한다.

아르노 강의 8개 다리 가운데 가장 오래되고 유명한 베키오 다리는 양쪽 시가지를 연결하는 중심축으로서, 복층 건물 구조로 귀금속 상가들이 다리 위를 차지하고 있다. 이곳에서 우피치 미술관을 지나 시뇨리아 광장까지 피렌체에서 가장 화려한 보행자전용 몰이 이어진다.

이처럼 피렌체 시가지에 산재하는 주요 건축물들은 중앙역 앞에 있는 산타마리아 노벨로 성당을 중심으로 3km 도보권 내에 산로렌초 성당, 도오모 성당과 중세 이후 피렌체의 정치 중심지였던 시뇨리아 광장으로 연결되는 형태로 도시 공간이 구성돼 있다.

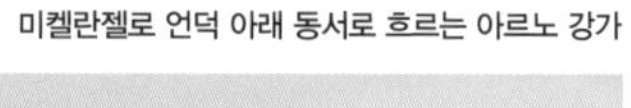
미켈란젤로 언덕 아래 동서로 흐르는 아르노 강가

아르노 강 다리 가운데 가장 오래되고 유명한 폰테 베키오(Ponte Vecchio)

중앙역 산타마리아 노벨라 역을 지나는 트램 1호선, 2010년 개통

보행자가 우대 받는 피렌체, 시가지 거의 반이 차량통제구역

시가지 내 역사적 건축물을 보호하고, 역사지구의 통과 교통을 막고 보행 환경을 개선하기 위해, 2009년 두오모 광장과 그 주변 일대를 보행자전용구역으로 지정했다. 그 이후 섹터를 점차 확장해 차량통제구역인 ZTL(Zona Traffico Limitato)은 전체 면적의 약 1/2에 해당하는 48km²에서 시행하고 있다.

존 내 거주자는 자동차 출입과 노상주차 허가증이 필요하고, 화물 반입은 오전 7시 30분부터 10시까지로 한정된다. 주차허가구역 ZCS 또한 하얀, 노란, 파란색으로 구분해 지정 운영되고 있으며, 차량이 무단으로 진입하거나 지정주차를 어기면 단속카메라가 여지없이 작동해 범칙금이 부과된다.

피렌체 역사지구를 위해 주민들은 이 같은 통행 제한을 전혀 불편해 하지 않고 있으며, 관광객들은 오히려 안전하게 천천히 둘러보며 길을 걸을 수 있다. 하지만 이탈리아 내에서 피렌체가 ZTL이 유난히 넓고 범칙금도 만만치 않으니, 특히 렌트카 여행객은 사전에 검색하고 주의할 필요가 있다(www.serviziallastrada.it)

친환경 전기미니버스 4개 노선, 트램 1호선 2010년 개통

피렌체 시영버스 ATAF는 1번에서 90번대까지 있으며, 아르노 강을 건너 미켈란젤로 광장이나 주요 관광지, 피에솔레 등지에 이르기까지 많은 노선이 운행되고 있다. 운임은 1.2유로(승차 후 2.0유로)이며, 90분 내 환승이 가능하다. 특히 시가지 역사지구의 City Line은 전기미니버스 4개 노선(C1, C2, C3, D)이 10분 간격으로 운행되고 있으며, C3를 제외하고 모두 중앙역을 경유하고 C1은 주요 박물관을 지나는 등 모두 편리한 노선이다.

현재 운행중인 1호선 트램은 2010년 2월 처음 개통됐다. 중앙역 산타마리아 노벨라 역Stazione di Santa Maria Novella에서 외곽 주택지 스칸디치Scandicci까지 연결하고, 노선 연장은 7.4km, 14개 정거장에 약 23분 소요된다. 향후 트램 1호선 Tramvia에 이어서 공항과 카레치 병원 등 북서 방향을 연결하는 2호선, 3-1호선이 각각 2016년과 2017년 9월 개통을 목표로 건설 중에 있다. 이어서 남동측 3-2호선과 4호선까지 계획하고 있어서 친환경 대중교통 중심도시로서 피렌체의 미래 모습을 기대해 본다.

피렌체 정치의 중심지였던 시뇨리아 광장, 넵튠의 분수, 헤라클레스 상이 있다

베키오 다리에서 시뇨리아 광장, 토르나부오니까지 이어지는 피렌체의 가장 화려한 쇼핑거리

HOTEL CALZAIU
HOTEL CALZAIUOLI
OMEGA

프라하

중세 모습을 간직한 역사와 예술의 도시

찬란한 문화유산을 배경으로 중세의 모습을 그대로 간직하고 있는 체코의 수도 프라하.
프라하의 역사지구는 세계에서 가장 넓은 유네스코 문화유산으로 지정돼 있으며, 사적과 문화유산의 보전 · 보호 활동 또한 유럽에서 가장 오랜 전통을 자랑하고 있다. 매년 수많은 관광객이 몰리는 이곳은 차량 통행을 줄이고 역사지구에서의 배기가스와 소음 등의 악영향을 없애기 위해 특별교통관리를 하고 있다.

최대 면적 세계문화유산, 프라하의 역사지구

체코의 수도 프라하Praha는 496km²의 면적에 2015년 인구는 약 126만 명, 도시권 215만 명으로, 14세기 신성로마제국의 수도였으며, 16세기 후반에는 예술가, 연금술사, 점성술사 등이 모이는 유럽의 문화중심 도시로서 번영을 누리며 '황금의 프라하'라고 불리기도 했다.

프라하 시는 약 8.1km²에 이르는 역사지구를 1971년 문화재보호지구로 지정했으며, 지난 1992년에는 프라하의 역사적 중심부Historic Core of Prague가 유네스코 세계문화유산으로 등록됐다. 그 후 2001년 프라하 시가지 중심부와 체코에서 가장 긴 430km의 블타바Vltava 강의 동쪽에 위치하는 구시가지에서 남쪽의 신시가지까지, 그리고 서쪽의 흐라드차니Hradčany 지구 및 말라스트라나Malá Strana까지 5개 지구로 확대돼 세계 최대 문화유산 등록대상 지역이 됐다. 이곳에는 체코에서 가장 중요한 문화재 사적이 29건, 문화재 보전 대상 건물이 1500여 건에 이른다.

중세의 모습을 그대로 간직한 프라하 역사보전지구는 도시 전체가 박물관과도 같다. 무엇보다도 한가운데 강이 흐르고 강 주변 양측 언덕 위에 역사적 건축물들이 늘어서 있는 경관이 매우 독특하다. 카를교Charles Bridge에서 바라보는 프라하 성의 야경은 정말 아름답다.

문화유산 보전의 역사, 건축규제

유럽에서도 아주 오랜 전통을 가진 프라하의 사적지와 문화유산의 보전 · 보호 활동은 18세기부터 시작됐고 법률로 정하게 된 것은 1920년대다. 특이한 점은 19세기 후반부터 자원봉사 그룹이 생겨나 역사적 건축물에 대한 보전 · 보호 활동을 하고 있다는 점이다. 국가 차원에서 보수 · 복원의 자격증 제도를 운용하고 있을 뿐 아니라 프라하 대학에는 전문인을 양성하기 위해 역사건축물 특별전문과정이 개설돼 있으며 전통기법을 배울 수 있는 전문고등학교도 있다.

건축규제도 1987년 제정된 사적유산문화재보전보호법에 의해 사적문화재의 소유자가 어떻게 관리를 할 것인지, 또 어떠한 권리와 제한이 있는지 등의 기본적인 법과 규칙을 정하고 엄격하게 역사보전지구를 규제하고 있다. 이러한 사적유산문화재보전보호법은 아주 폭넓고 구체적인 법률이지만 프라하의 독특한 역사지구에 모두 적용할 수 없기 때문에 시의 문화국(공식명칭은 문화 · 사적보호 · 관광국)에서 특별히 옥상이나 지붕의 보전 · 보호 방법, 건물 창의 재료, 옥내의 모양 등을 컨트롤하고 있다. 또한 역사지구 내 시가지의 중요 문화재만을 보호하는 것이 아니라, 중요한 역사보전지구와 그 지역의 주위를 버퍼존Buffer Zone으로 지정해 지역 전체를 보호하고 있다.

중세 문화유산의 절대적 보전

프라하의 역사보전지구는 프라하 성, 카를교, 스트라호프 수도원, 구시청사, 구시가지 광장 등 11세기부터 18세기에 걸친 여러 시대의 로마네스크, 고딕, 르네상스, 바로크, 아르누보 양식 등과 더불어 20세기의 건축양식과 스타일이 혼합된, 말 그대로 유럽의 건축박물관이다. 또한 첨탑이 많아서 '백탑百塔의 프라하'라고 불리는 등 도시 전체가 유구한 역사를 그대로 간직하고 있다.

가장 오래된 건축 양식은 로마네스크 양식이고 이어 고딕 양식으로 이어지는데 프라하 구시가지에서는 많은 고딕 양식의 건물들을 보게 된다. 그 가운데 성 비투스 대성당St. Vitus Cathedral은 무려 천 년에

프라하 시가를 남북으로 관통하는 블타바(Vltava) 강, 유럽에서 가장 아름다운 다리 카를교

가까운 세월에 걸쳐 지어진 성당이다.

한편 프라하는 과거 문화유산의 절대적 원형 보존을 추구하고 있지만 역사와 모던 건축이 조화될 수 있는 역사도시의 재생사업에 매우 관심이 높다. '프라하의 봄'과 '벨벳 혁명' 때 사람들이 모였던 바츨라프 광장Wenceslas Square에 트램을 부활하고 넓은 보도에 녹지를 조성하고 자동차 주차를 제한하는 등 광장을 재생하며 신시가지로 변모하며 구도심의 변화를 기대하고 있다.

역사지구 통행 제한, CIVITAS 프로젝트

프라하는 유럽위원회에서 초창기에 시행한 교통 프로젝트 CIVITAS I 프로젝트 Trendsetter 그룹에 그라츠(오스트리아), 릴(프랑스), 페치(헝가리), 스톡홀름(스웨덴)과 함께 참여한 바 있다. CIVITAS 참가 도시의 상당수는 시 중심부가 세계유산으로 지정돼 있어, 자동차에 대한 부과금 전략과 승용차 통행제한이 필요한 곳이다.

Trendsetter의 추진전략은 단기적으로 환경친화적이면서 에너지 효율적인 차량 보급과 함께 승용차의 통행을 제한 관리해 에너지 및 온실가스 배출량을 감축하고, 장기적으로는 대중교통 이용을 더욱

프라하의 트램은 주간 21개, 야간 9개 노선으로 역사지구 내에서는 거의 24시간 손쉽게 이용할 수 있다

지하철과 버스, 트램의 환승시스템이 잘 갖춰져 대중교통 분담률이 59%에 이른다

프라하 국립박물관에서 바라본 바츨라프 광장 전경

촉진하는 것이었다.

프라하는 매년 수천만 명의 관광객이 몰려들기 때문에 차량통행량을 줄여 역사지구에서의 배기가스와 소음 등을 없애기 위해 대중교통의 연계교통체계 구축, 6톤 이상 차량의 통행을 제한하는 환경존Environmental Zone의 확대, 버스 우선 통행 시스템을 위한 신호관리 최적화 등 시 차원에서 특별한 교통관리를 해 대중교통 중심의 교통정책이 정착되도록 만들었다.

성공적인 대중교통 연계 시스템과 저상형 뉴 트램 도입

프라하 시는 100% 출자한 대중교통공사(www.dpp.cz)에서 지하철과 버스, 트램LRT이 서로 환승할 수 있는 연계 시스템 PITPrague Integrated Transport를 잘 갖추어서 프라하 대중교통의 분담률이 59%에 이르고 있다. 이러한 PIT시스템의 성공에는 총 7개 존으로 구성된 요금체계와 시내 중심부에서 약 40~50km 떨어진 프라하 외곽 지역을 연결하는 통합운송시스템이 중추적인 역할을 했다.

지하철 3개 노선에 총 65.2km, 30개의 노선을 가진 트램, 130개의 버스노선 등 한 장으로 된 공용티켓으로 모든 대중교통을 이용할 수 있으며, 실제 관광객이 몰리는 역사지구 내에는 거의 24시간 대중교통을 손쉽게 이용할 수 있다. 특히 프라하 카드를 구입하면 교통카드 기능도 포함돼 있어 매우 편리하다.

동유럽 거리의 상징적 존재인 트램 Tatra는 1960~1980년대를 중심으로 체코에서 대량 제조된 사회주의 국가 표준의 트램으로, 프라하에서는 아직까지 환경적으로 지속가능한 교통수단의 역할을 다하고 있으며, 프라하 성의 주변이나 공원 주위 등 여러 곳에서 잔디 궤도와 가로수에 둘러싸인 선로도 많이 볼 수 있다.

독일 자동차회사 포르셰 디자인의 30m 클래스 5 차체 3 대차의 신형 트램을 2006년부터 운행하고, 2010년 말에는 100% 최신형 저상차 슈코다 포시티Škoda ForCity의 뉴 트램 32량을 도입했으며, 최종적으로 2017년까지 250량을 갖추어 구형 차량을 모두 교체할 계획이 발표되기도 했다(www.praha.eu).

구시가지 광장은 프라하의 이벤트와 행사가 가장 많이 열리는 곳으로, 밤 늦게까지 많은 관광객으로 붐빈다

리옹

프랑스 제2의 도시 리옹의 ONLYLYON

역사도시 리옹은 1990년대부터 도시재생 프로젝트로 도시 이미지를 개선해 왔으며, 구시가지 전체가 세계문화유산으로 등록됨으로써 새롭게 주목을 받게 됐다. 그중에서도 큰 역할을 한 것은 '빛 축제'로, 경관조명을 통해서 주요 역사적 건축물이나 유적의 또 다른 모습을 보여 주고 있다. 이러한 리옹의 ONLYLYON 도시 브랜드의 성공 전략과 친환경 대중교통체계, 공용자전거 벨로브에 대해 살펴보기로 한다.

문화도시 리옹의 ONLYLYON 브랜드 성공 전략

리옹시의 인구는 2012년 현재 49만2500명으로 프랑스 마르세유에 이어 3번째 규모의 도시지만, 근교와 위성도시를 합한 대도시권의 인구는 약 220만 명으로 파리 대도시권 다음으로 두 번째로 크다. 역사도시 리옹은 론 강le Rhône과 손 강la Saône이 합류하는 지점에 위치하고, 오랜 역사를 통해 유럽의 정치 · 경제 · 문화의 발전에 큰 역할을 해왔다.

세계문화유산으로 지정된 전체 구시가지Vieux Lyon에서는 고대와 중세의 역사적 건축물과 도시 공간, 그리고 거리에서 이제까지 걸어온 오랜 역사의 흔적을 쉽게 확인할 수 있다. 특히 기원전 43년에 마을이 만들어진 푸르비에르 언덕에 남아있는 프랑스 최대 야외 로마극장, 푸르비에르 노트르담 대성당, 금빛으로 빛나는 성모 마리아상 등에서 리옹 성장의 인상 깊은 역사를 느꼈다.

리옹은 테제베TGV와 6번 고속도로A6가 파리와 지역 간 교통축의 가장 중요한 역할을 하고 있어 프랑스 제2의 도시로서 자부심이 높다고 한다. 한편 2007년에는 'ONLYLYON 브랜드 캠페인'을 전개하면서 방문객이 지속적으로 증가해 왔고, 지난해에는 관광객이 600만 명을 넘어서 프랑스에서는 파리 다음으로 관광객이 많이 방문한 매력적인 문화도시로 인정받았다(www.onlylyon.org).

ONLYLYON 브랜드는 2007년 다니엘 마르탱Daniel Martin에 의해 고안됐다. 리옹이라는 도시를 전 세계적으로 알리기 위해 적색의 영어 단어 'ONLY'와 흑색의 불어 도시명 'LYON'을 사자 한 마리와 함께 조형적으로 디자인했다. 처음에는 리옹의 12개 주요 행정기관에서 시작됐지만, 리옹엑스포, 리옹산업전, 빛의 축제, 문화콩쿠르 등 각종 이벤트 로고를 비롯해 도시 전역 대부분의 기관과 조직에서 일관성 있게 활용되고 있다.

역사도시 뤼미에르의 리옹, 빛으로 밝히다

리옹은 1985년 '역사지구의 보전활용정책'과 1989년 '뤼미에르 계획'을 통해 리옹 오페라좌(1993년), 테로광장(1994년), 이노베이션 등 역사지구에 다이너미즘과 뤼미에르(빛)의 도시를 테마로 독창적인 도시재생에 착수했다.

구시가지를 운행하는 버스, 뒤로 푸르비에르 언덕이 보인다

리옹은 론 강과 손 강이 합류하고, 강변에는 역사적 건축물이 도시공간을 이룬다

리옹의 상징인 '빛의 축제Festival of lights'의 시작은 1852년 프루비에르 노트르담 대성당에 설치된 마리아상을 시민들이 촛불을 들고 축복한 데서 유래됐다고 한다. 12월 8일 전후 4일간의 이벤트 기간에는 200개소 이상의 경관조명이 설치되고 시내 곳곳 여러 집의 창가에는 촛불이 켜지고 음악과 쇼가 함께 어우러진다.

덕분에 리옹 강변과 거리는 환상적인 분위기를 자아내며 겨울밤을 눈부시게 한다. 지하철이나 트램의 조명도 다양한 색과 빛으로 물들어 장관을 연출한다. 이것이 매년 400만 명에 이르는 관광객들이 빛과 예술의 도시 리옹을 찾는 이유다.

테제베 연계 및 시내 대중교통 네트워크

파리-리옹 간 지역을 연결하는 테제베TGV는 페라쉬 역Gare de Lyon-Perrache과 파르디외 역Part-Dieu 2개 역에서 정차하며, 각각 지하철과 트램으로 환승이 가능해 시내 중심부로 이동이 용이하다. 항공의 경우 리옹 생텍쥐페리 국제공항에서 2010년 개통한 공항노선 론익스프레스Rhônexpress를 이용하면 파르디외 역 간 22km를 30분 만에 이동할 수 있다. 테제베와 지하철, 트램 등 대중교통 접근성이 타 도시에 비해 우수하다.

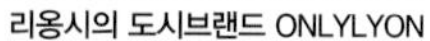
리옹시의 도시브랜드 ONLYLYON

리옹 트램은 5개 노선, 총 53.3km의 운행거리에 이른다

한편 시내의 대중교통 네트워크 TCL[Transports en Commun Lyonnais]은 프랑스 철도공사 SNCF의 민간기업 케올리스[Keolis Lyon]가 지하철 4개 노선[A, B, C, D] 42개 역과 트램 5개 노선[T1~T5], 케이블카 2개 노선과 130개 버스노선을 운행 관리하고 있다. 리옹은 대중교통 이용을 촉진하기 위해 하나의 교통카드로 벨로브와 모든 교통수단을 이용할 수 있도록 했으며, 1시간 내 환승하면 무료로 이용할 수 있다. 또한 주요 역에는 P&R이 설치돼 대중교통 이용자에게 주차장을 무료로 개방하고 있다.

초저상 · 저소음의 최신 차량, 트램의 부활

리옹은 1888년부터 1957년까지 운행됐던 오래된 트램을 폐지했다. 그 후 지하철 4개 노선과 트롤리 버스를 도입했지만 1997년 새로운 교통계획을 수립하며 다시 트램을 운행하기로 했다. 이후 2001년 개통한 T1, T2 노선 차량은 알스톰사의 시타디스[Citadis] 모델이고, 디자인은 새하얀 차체에 종래 볼 수 없는 하얀 요정의 얼굴 모양으로 부활했다.

현재 T1부터 T5까지 5개 노선의 운행 거리는 총 53.3km, 정거장수는 80개다. 노선별로 살펴보면, T1 노선은 테제베 역인 페라쉬와 파르디외, 리옹대학 등을 경유해 남북을 연결하고 있다. T2 노선은 페라쉬에서 생 프리에스Saint-Priest까지 리옹 도시권을 동서로 횡단한다. 그리고 T3 노선은 2006년, T4 노선은 2009년, T5 노선은 2012년에 개통했다.

리옹 트램역의 특징은 다른 대중교통수단과 갈아타기 쉽게 부근에 버스정류장과 지하철역이 많다는 점이다. 특히 테제베 역인 페라쉬와 파르디외 역은 버스, 지하철 또는 철도로 지상부에서 바로 환승할 수 있도록 동선체계가 잘 설계돼 있다.

리옹의 도시교통계획, 교통권 보장과 교통정온화

리옹은 지난 40여 년 동안 인구는 60%, 도시화된 면적은 140% 이상 증가했다. 자동차 통행량 증가와 함께 이에 대응하는 지구온난화 대책도 필요하게 됐다. 우선 2020년까지 온실가스 배출량을 20% 줄이는 유럽의 목표를 달성하기 위해 계획을 수립하고 지속가능한 교통정책을 발 빠르게 추진했다.

이미 프랑스에서는 1982년 교통기본법 LOTI Loi d'Orientation des Transports Interieurs에 의해 자전거도 하나의 교통수단이라고 규정하는 교통권이 정해졌으며, 1996년 대기의 질을 향상시키기 위해 도로를 건설할 때 자전거도로의 설치를 의무화한 대기법이 정해졌다.

빛의 축제기간 중 55개소에서 빛을 밝힌다

프랑스에서 처음으로 도입된 리옹 공용자전거 벨로브(Vélo'v)

벨쿠르 광장에서 이어지는 구시가지 보행우선도로

이를 토대로 리옹에서는 1997년 처음으로 도시교통계획 PDU[Plans de deplacements urbains]를 수립했다. 즉 10년 단위로 도시권의 교통정책 방향을 세워 주민 건강과 지구환경의 보전 · 보호와 모빌리티의 균형을 유지하고, 모든 교통수단 이용을 조정하는 계획을 세운 것이다.

리옹 시민들은 이러한 교통전략 시나리오 가운데 보행자와 자전거의 서비스 개선을 선택했고, 당초 목적을 잘 달성해 2006년 자동차의 이용률은 예상보다 많이 줄어들었다고 한다. 또한 도시교통계획에서 도로망 위계를 다양하게 분류해 주택가 주변 도로의 자동차 제한속도를 억제하는 교통정온화가 오래전부터 도입된 점 등도 주목할 만하다.

프랑스에서 3번째로 큰 벨쿠르 광장, 루이14세 동상

푸르비에르 노트르담 대성당에서 바라본 리옹시가지 모습

프랑스 최초 도입, 공용자전거 Vélo'v

2003년 자전거와 보행자를 위한 친환경 교통계획에서는 자전거 수단분담률을 2014년까지 2배로 증가시키고, 2020년에는 10%까지 증가시키는 목표를 갖고 있다. 이를 달성하기 위해 자전거도로망을 연간 30km씩 확충하고, 1000대의 공공주차공간을 마련해 지속적인 서비스를 제공한다는 구상이다.

자전거 주행공간의 경우 '존30'으로 설정하고, 자전거 차선을 확보했다. 버스 전용차로에도 자전거가 주행할 수 있도록 하는 한편, 보행자우선구역은 '존20'으로 지정했다.

특히 벨로브 리옹Vélo'v Grand Lyon이라는 자전거 대여 프로그램 때문에 리옹의 자전거 통행량은 80%로 크게 증가했다. Vélo'v란 velo(자전거)와 love의 합성어로 2005년 프랑스에서 처음으로 민간운영자JCDecaux가 리옹에 도입했고, 이어서 2007년 7월 파리에 벨리브vélib가 도입되면서 본격화됐다.

현재 벨로브는 4000대의 자전거와 340개의 스테이션이 있다. 정기 이용자는 6만 명 정도며 하루 평균 1만5000~2만 회, 자전거 1대당 7회 정도 이용되고 있다. 요금은 30분까지는 무료(리옹시티카드와 제휴카드는 60분 무료)이다.

저 멀리 푸르비에르 언덕 위에 빛나고 있는 노트르담 대성당

파리

세계 예술과 패션의 도시, 교통수요관리

일드프랑스와 파리시는 광역전철(RER), 메트로와 버스 등 대중교통 연계체계가 잘 갖추어져 있어 전체 통행량에 비해 소통이 잘 이루어지고 있다. 특히 지속가능 교통정책은 대기오염의 공해대책 등을 주목적으로 자동차 통행을 줄이기 위해 대체교통수단의 편리성 향상에 초점을 맞추고 있다. 그리고 자전거 대여 시스템 벨리브와 전기자동차 공유 시스템 오토리브를 성공적으로 도입한 것은 시사하는 바가 크다.

세계의 예술과 패션 중심지, 관광도시 파리

프랑스의 수도 파리는 북부 일드프랑스의 중앙에 위치하고, 남북으로 약 9.5km, 동서로 11km로 면적은 105km^2로 크지 않다. 인구는 2014년 기준 224만 명이며, 일드프랑스는 1200만 명에 이른다. 시내에는 센 강이 흐르고, 19세기 중반 오스만의 파리개조사업으로 건설된 도시 기능은 오늘날까지 건재하다.

파리는 회화에서 조각, 패션, 음악, 연극, 발레 등에 이르기까지 세계적인 문화·예술의 중심지로서, 루브르 박물관, 오르세 미술관, 퐁피두 센터, 건축박물관 등의 역사적 건축물과 자연 공간, 현대미학이 공존하고 있는 현대적 디자인의 도시이다.

그리고 에펠탑, 노트르담 드 파리, 샹젤리제 거리의 개선문, 몽마르트 등 파리의 대표적인 명소들을 매년 3000만 명 이상이 방문하는 세계 최대의 관광도시이다. 특히 센 강 유람선을 타고 둘러볼 수 있는 세계유산으로 등록된 쉴리교부터 이에나교까지 약 8km 구간의 역사적인 건축물과 도시 스카이라인은 파리의 낭만 가득한 모습으로 기억된다.

파리의 지역경제 활성화에 한몫을 하는 광역교통행정기구

파리는 2014년 미국 싱크탱크Think Tank가 공표한 비즈니스, 인재, 문화, 정치 등의 세계 도시 순위에서 뉴욕, 런던에 이어 세계 3위를 했다. 다국적기업의 본사와 자본시장의 규모 등 사업 분야에 있어서도 유럽 최고이고, 세계 500대 기업의 본사 수는 뉴욕과 런던을 앞지르고 있다.

이처럼 지역 경제 활성화에 한몫을 하고 있는 것은 파리와 일드프랑스의 효율적인 광역교통체계로 볼 수 있다. 이미 오래전에 모든 시민들의 이동자유권을 보장하는 교통기본법 LOTI(1982)를 제정하고, 일정 규모 이상은 도시교통계획 PDUPlan de Deplacements Urbains 수립을 의무화하는 등 장기적인 플랜으로 지속가능 교통정책을 추진해 오고 있기 때문이다.

특히 수도권지역 일드프랑스Ile de France 각 자치단체의 교통 업무를 통합해 교통 서비스 운영, 대중교통 개선, 재원조달 및 운영(교통세) 등에 관한 일체의 행정을 담당하는 광역교통행정기구 STIF가 오래전부터 중요한 역할을 해왔다.

프랑스 영광의 상징 에투알 개선문, 개선문 안의 무명용사 무덤 등불은 영원히 꺼지지 않고 개선문을 밝히고 있다

잘 갖춰진 일드프랑스와 파리의 대중교통체계

파리 외곽 지역과 도심을 급행으로 연결하는 광역전철 RER은 A, B, C, D, E의 5개 노선이 있다. 지하철Le metro은 14개 노선에 300여 개 정류장을 운영하고 있으며, RER과 SNCF 역과도 연계돼 파리에서는 지하철로 이동하는 것이 가장 빠르고 편리한 교통수단이 되고 있다.

파리에서는 트램이 폐지된 후 1990년대부터 파리 중심부를 둘러싼 환상선상으로 노선이 다시 부활하기 시작해 프랑스 전역에 친환경 교통수단으로 트램 붐을 일으키는 계기가 됐다. 최근 2년간 4개 노선이 추가로 개통돼 현재 트램 노선은 9개, 총연장 104.7km, 186개 역을 운행 중에 있다.

그 외에도 중앙버스전용차로를 점차 확대시켜 나감으로써 대중교통 이용을 유도하고 있으며, 특히 철도와 버스 간의 연계환승을 기반으로 하는 대중교통체계 구축으로 교통문제를 해소해 가고 있다.

센 강 다리 가운데 가장 아름다운 황금색 장식의 알렉산드르3세 다리와 관람차가 뒤로 멀리 보인다

센 강 관광 유람선을 타고 쉴리교에서 이에나교까지 아름다운 도시 스카이라인을 즐길 수 있다

자동차 교통수요 억제와 대체교통수단의 편리성 향상

파리 시내 자동차 교통수요 억제를 위해 가장 중요한 정책으로 도로 다이어트를 통해 도로 용량을 줄이고 그 대신 트램웨이나 자전거도로를 정비해 대체 교통수단으로 전환을 도모하고 있다.

인구밀도가 높은 도심부는 대중교통과 보행 우선으로 승용차를 철저히 억제하는 교통수요관리정책을 펼치고 있다. 그리고 버스의 고급화 및 저상화로 이용 편의성 도모와 대중교통 서비스 경쟁력 강화를 통해 승용차 수요억제 효과를 얻고 있다.

자전거 이용 활성화를 위한 프로젝트 'Le Velo Plan'을 수립하고 오래전부터 시내 자전거도로 확장을 본격적으로 전개했으며, 버스 통행권만큼 자전거 통행권도 보장하고 별도의 자전거전용도로를 확보하고 있다. 자전거전용도로 설치가 어려운 곳은 버스전용차로를 자전거가 이용할 수 있게 했다. 이렇게 자전거를 타고 다니기에 안전하고 편한 기반시설과 제도가 뒷받침됨으로써 파리 자전거 이용률은 현저하게 증가하고 있다.

샤를드골 광장 중앙에 서있는 개선문은 파리의 상징적인 명소이다

상젤리제 거리는 밤늦은 시간에도 관광객들로 활기차다

파리에서 성공적으로 시작된 벨리브와 오토리브 시스템

파리시가 지난 2007년에 도입한 벨리브Velib는 자전거 'Velo'와 자유 'Liberte'를 의미하며, 시내 300m 간격으로 설치된 1800여 개 자전거 스탠드를 통해 2만여 대의 자전거를 어디서든지 자유롭게 이용할 수 있는 시스템이다(http://en.velib.paris.fr).

파리의 벨리브는 시스템 구축과 운영을 광고회사 JCDecaux에서 맡고 있고, 세계적으로 중국 5개 도시에 이어 6번째로 큰 규모로 운영되고 있다. 1일 평균 9만5000명이 이용하고 있으며, 이젠 파리 시민

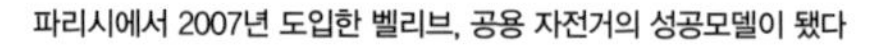
파리시에서 2007년 도입한 벨리브, 공용 자전거의 성공모델이 됐다

전기차 카쉐어링 서비스, 오토리브(Autolib)

1889년 프랑스 혁명 100주년을 기념해 세워진 파리 마르스 광장의 에펠탑

뿐만 아니라 이곳을 찾은 방문객, 관광객들이 애용하는 파리 관광 명물이 됐으며, 공용자전거의 성공 모델로 자리매김하고 있다.

한편 지난 2011년 말 파리에서 본격적으로 승용차 공유제 Autolib 프로그램을 성공적으로 도입함으로써 주행거리 당 에너지 소비량이 30~50% 정도 낮은 전기차의 보급이 확산돼 유럽 여러 도시에서 시행하는 선도적인 역할을 했다. 2014년 현재 3년째를 맞이한 오토리브Autolib는 파리 66개 지역에 걸쳐 차량 2900대, 정류장docking stations 900개에 4700개 충전 포인트를 갖추고 있으며, 7만여 명이 등록해 400만 통행을 기록하고 있다(http://next.paris.fr).

세계 최대의 파리 개선문으로 이어지는 연장 2km의 샹젤리제 거리

아비뇽

세계적인 연극제가 열리는 프로방스의 역사도시

프랑스의 유서 깊은 고도 아비뇽에서는 매년 여름
세계 최고의 연극 축제로 잘 알려진 아비뇽 페스티벌이 열리고 있다.
축제 기간 구 교황청 광장은 화려한 야외무대로 바뀌고
거리 전체가 연극 도시로 변하게 된다. 이러한 교황궁전과
그 주변 건물을 포함한 역사지구가 유네스코
세계유산으로 지정됨으로써 아비뇽은 아름다운
중세의 모습을 그대로 간직하고 있다.

Avignon

프랑스 프로방스 지방 아름다운 교황도시, 아비뇽

아비뇽Avignon은 프랑스 동남부의 보클뤼즈 주Département du Vaucluse의 주도로서, 론 강이 감싸고 있는 아름다운 중세도시이다. 14세기 교황청이 이곳으로 옮겨진 아비뇽 유수(1309-1377년)로 인해 교황의 도시라 불리고 있다. 또한 프로방스의 유서 깊은 역사도시 아비뇽은 세계적인 연극제 아비뇽 페스티벌Festival d'Avignon로 더욱 유명하다.

아비뇽의 인구는 2013년 기준으로 9만305명이고, 면적은 64km²이며, 14세기 왕국 전성기에 프랑스 출신의 교황 클레망 5세가 1309년 아비뇽에 교황의 거처를 피신해 오면서부터 1377년까지 7명의 교황이 아비뇽에 거주했고, 1335년부터 1364년까지 약 30년에 걸쳐 오늘날 교황궁전을 신축하게 된다. 이 교황궁전은 성벽 높이 50m, 두께 4m, 면적 1만5000m²로 유럽에서 가장 큰 규모의 고딕양식 요새로, 중세의 도시성곽 건축의 귀중한 유구遺構이다. 로쉐 데 돔Rocher Des Doms 언덕에 오르면 성벽 밖으로 론 강이 유유히 흐르고, 끊겨진 아치교 '아비뇽의 다리위에서'의 배경이 된 성 베네제 다리를 멀리 바라보면서 아름답고 여유로운 아비뇽의 전경을 즐길 수 있다.

역사지구 유적, 유네스코 세계유산에 등록

아비뇽 역사지구 교황궁전과 그 주변, 즉 프티팔레(소궁전), 노트르담 대성당Cathédrale Notre-Dame des Doms, 아비뇽 다리, 일부의 성벽이 유네스코 세계유산으로 등록돼 있다. 당초 1995년에는 단순한 아비뇽 역사지구였지만 2006년에 현재 이름으로 변경됐다.

교황궁전은 프랑스 혁명이 일어난 1789년에는 약탈로 인해 내부가 심하게 파괴됐지만, 19세기 비올레 르 뒤크Eugène Emmanuel Viollet-le-Duc에 의해 일부가 복원이 이루어졌고, 현재는 국영 박물관으로 대부분 일반에 공개되고 있다. 특히 1947년 이후 매년 열리는 아비뇽 연극제의 메인 장소로 상징적인 곳이다. 프티팔레는 14세기 지어진 건물로 구 교황청이 지어지기 전에 교황사제관이었지만, 현재는 미술관으로 이탈리아 종교화와 아비뇽학파의 그림 및 교황청 유물을 전시하고 있다.

교황청을 정면으로 바라보면서 왼쪽으로 올라가는 길에 노트르담 대성당이 있고 종탑 꼭대기에 황

14세기 로마 교황이 거처한 아비뇽의 교황궁전

성곽으로 둘러싸인 아비뇽 역사지구의 좁은 거리

금으로 빛나는 성모상은 과거 아비뇽이 유럽 가톨릭의 중심이라는 것을 실감케 한다. 로쉐 데 돔은 교황궁전 북쪽에 있는 요새 암벽으로 현재는 공원으로 잘 꾸며져 있으며 전망이 좋아 론 강과 성 베네제 다리, 강 건너 빌뇌브레자비뇽 수도원Villeneuve-les-Avignon이 보인다.

세계 최대 연극제, 아비뇽 페스티벌

매년 7월 열리는 아비뇽 연극제는 그 기원이 1947년 장 빌라드에 의해 개최된 아비뇽 예술주간이었지만, 지금은 유럽은 물론 세계 최대급의 무대 예술축제로 자리 잡았다.

아비뇽 페스티벌Festival d'Avignon은 두 가지 무대로 나뉘는데, 하나는 심사를 통해 작품들을 무대에 올리는 IN이 있고, 여기에 선정되지 않은 OFF 공연이 있다. 이는 8월에 열리는 영국 에든버러의 프린지Fringe 페스티벌과 같이 자유 참가 공연으로, 지난해 25개국의 1083팀, 8000여 명이 참가해 연극, 댄스, 서커스, 거리 공연 등을 펼쳤다.

전통적으로 개막작은 교황궁전 광장 2000석 앞에서 공연되며, 시립극장, 성당, 수도원 등 아비뇽만의 종교적 역사를 느끼게 하는 자리가 무대가 되고, 거리 전체가 연극 도시로 변신하게 된다. 뿐만 아

아비뇽 성문 안 역사지구로 가는 길이 있는 장조헤스 광장

역사지구 내 운행되고 있는 관광용 친환경 전기차

니라 프랑스와 세계 무대예술의 프로페셔널이 모여 작품에 대한 기자회견과 토론, 다양한 프로그램도 개최해 명실공히 아비뇽은 창조문화를 주도하는 장소가 된다. 이 축제는 IN 공연만으로도 2300만 유로의 경제효과가 있다고 한다.

아비뇽 테제베 역, 역사지구에서 6km 거리

아비뇽 테제베 역Gare d'Avignon TGV은 LGV 지중해선 전용 철도역으로 시내 역사지구에서 6km 떨어진 곳에 위치해 있다. 2001년 완공된 역사는 길이 340m, 높이 14.50m 선체 모양으로, 외형은 2층 구조의 유리로 구성돼 채광이 매우 좋고, 아비뇽의 도시 이미지를 반영한 듯 디자인이 모던하고 보기 좋았다. 그 뿐만 아니라 처음 아비뇽의 아름다운 모습은 역사를 나서면서 드넓게 펼쳐진 역 광장과 잘 갖춰진 버스환승센터와 주차장 등에서 매우 인상 깊게 느껴졌다.

노선은 프랑스의 파리, 샤를드골 공항 외에도 릴, 리옹 등을 연결하는 직행 테제베가 운행되며, 여름에는 한정적으로 프랑스, 네덜란드, 벨기에, 독일을 연결하는 고속철도 탈리스Thalys도 운행하고 있다. 이곳 아비뇽 테제베 역 이외에도 시내에는 상트르centre 역이 있는데, 2013년부터 SNCF에서 두 역 간

성벽으로 둘러싸인 아비뇽 성내로 들어가는 메인도로에 길게 늘어선 플라타너스 나무와 유서 깊은 건축물의 조화가 이색적이다

COLBERT
PARC
SPLENDID
Tabac

셔틀 운행을 하고 있다. 그 외에도 나베트Navette TGV 버스로 역사지구까지 약 10분 정도면 쉽게 이동할 수 있다.

한편 파리에서 자가 승용차 보유를 줄이기 위한 목적으로 2011년에 전격적으로 도입된 오토리브 카쉐어링Autolib Car Sharing이 주요 도시로 확산되고 있는데, 아비뇽 테제베 역에도 소형 전기자동차 Wattmobile 서비스를 이용할 수 있다.

환경적으로 지속가능한 교통, 공영자전거 Vélopop

프랑스는 오래전부터 교통기본법LOTI을 제정해 지방자치단체의 교통정책 권한과 책임을 명확히 하고 있으며, 모든 사람들의 이동권리(교통권)를 보장하고 있는 것이 특징이다. 특히 1996년 대기법大氣法에 근거해 도시 환경부하가 높은 자동차 이용을 줄이고, 도보, 자전거, 대중교통 이용을 활성화하기 위해서 인구 10만 명 이상 도시는 대중교통 우선의 교통체계 정비를 의무화하고 있다.

이에 따라 2014년 9월 현재, 프랑스 28개 도시에 트램이 운행되고 있고 5개 도시가 도입 예정이다. 그 중 아비뇽이 2016년 개통을 앞두고 트램 노선을 건설 중에 있다. 특히 공영자전거의 경우 2007년

아비뇽은 론 강으로 둘러싸인 아름다운 중세 성곽도시이다

2009년 도입된 아비뇽 공용자전거 벨로팝

로쉐 데 돔 언덕에서 바라본 성밖의 론 강과 끊어진 아치교 성 베네제 다리

파리에서 벨리브Vélib가 성공적으로 도입된 바 있고, 전 세계적으로 100여 곳 이상 활발하게 운영되고 있다. 아비뇽에서도 2009년 7월 벨로팝Vélopop을 도입해 현재 24개 자전거 스테이션과 200대의 자전거를 갖추고 있다.

역사지구 내에는 총 11개소의 자전거 스테이션이 있을 뿐만 아니라, 보행자만 다닐 수 있는 골목들 사이로 성벽 안에 주요 명소를 모두 돌아볼 수 있는 45분에서 2시간 정도 걸리는 4코스의 보행 투어도 있으므로, 중세 시대 구 교황청과 예술의 도시를 천천히 걸으면서 둘러볼 것을 추천하고 싶다.

부다페스트

역사적 경관이 아름다운 도시, 다뉴브의 진주

다뉴브 강을 중심으로 수려한 자연경관과 웅장한 역사적인 건축물들로 조화를 이룬 헝가리의 부다페스트, 여러 차례의 침략과 폐허 속에서도 역사적인 경관과 문화유산을 지켜왔고, 다뉴브 강 연안과 부다 지구 안드라시 일대 477.3ha가 세계문화유산으로 등록돼 있다. 특히 대중교통 수단분담율이 65%로 높고, 세계에서 차체 길이가 가장 긴 54m에 이르는 신형 트램을 도입하는 등 시가지 전역에 가장 긴 트램 노선망을 보유하고 있다.

다뉴브의 진주, 헝가리 부다페스트

헝가리의 수도 부다페스트는 2015년 인구 176만 명, 도시권 255만 명에 면적 525km(남북 25km, 동서 29km)로, 다뉴브 강을 사이에 두고 서측의 부다Buda와 오브다Óbuda, 동측의 페스트Pest의 3지구가 1873년에 합병돼 부다페스트 시가 형성되었다. 다뉴브 강이 통과하는 나라 중 가장 아름다운 도시로 다뉴브의 진주로 불리고 있다.

다뉴브 강을 바라보면서 천혜의 요새를 이루는 부다Buda는 여러 민족들의 전략적 요새가 되어왔으며 헝가리 국가가 세워진 이후에는 왕궁으로서 군사 · 정치적 중심지 역할을 했다. 그 반면 페스트Pest는 언덕 위에 위치하는 부다와 달리 평야에서 확장하기 쉬운 지리적 입지의 중요성 때문에 경제적인 거점으로 발전했다.

이러한 부다페스트는 역사의 중량감이 느껴지는 도시로서, 수많은 역사적인 건축물들은 오스트리아 · 헝가리 제국시대와 사회주의 시대에 동구의 중심도시로서의 과거의 영광을 떠올리게 하고 있다.

무엇보다도 예전부터 전략적 요충지였던 부다 지역은 왕궁과 겔레르트 언덕의 요새를 중심으로 고풍스런 도시경관을 이루고 있으며, 이곳에서 바라다 보이는 6개의 다리와 2개의 철교, 유럽의 최대 국회의사당과 근대적인 건물이 즐비한 페스트 지역으로 연결되는 역사적인 경관은 유럽에서 손꼽을 만하다.

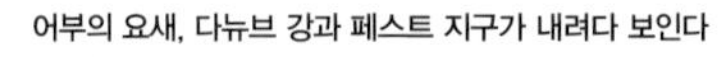
어부의 요새, 다뉴브 강과 페스트 지구가 내려다 보인다

부다왕궁에서 내려다본 다뉴브 강 전경, 부다와 페스트(Pest) 지역

역사문화유산을 지키고, 관광도시로 도약

제2차 세계대전 중인 1944년 독일군에 점령당한 부다페스트는 유태인 중 20만 명이 나치스의 학살에 의해서 사망했고 연합국의 융단폭격으로 완전히 초토화되었다. 당시 피해 규모가 너무 커서 전쟁 후에도 완전 복구되지 못한 채 공산주의 체제하의 1989년까지 많은 문화재가 거의 방치되었다고 한다. 이후 부다페스트는 급격한 사회구조 변화와 시장경제 착오를 겪으면서 높아지는 실업률, 치솟는 인플레이션에 의한 마이너스 성장, 주변 위성도시로의 인구 분산으로 교외화가 빠르게 진행되면서 인구 감소와 도심 공동화 현상으로 도시경관이 크게 변화했다.

그러나 이러한 시행착오를 겪으면서도 도시개발 계획의 상당 부분을 관광사업과 연계한 도시재생에 수많은 노력을 기울여 왔고, 시가지의 엄격한 건축규제와 함께 도시 전체의 아름다운 문화유산을 지키려는 도시경관 정비로 지금의 부다페스트를 만들어왔다.

특히 부다페스트는 물의 도시 아퀸쿰Aquincum이라 불릴 정도로 100여 개소에서 1일 7200만 리터의 온천수가 나오는 세계 최대의 온천도시답게 매년 관광객이 늘어나고 있으며, 동유럽의 주변 대도시권과 연계하여 국제적인 도시로 부상하기 위한 도시재생의 새로운 변화 국면을 맞이하고 있다(http://english.budapest.hu).

부다페스트에서 운행되고 있는 세계 최대 54m의 콤비노 트램

다뉴브 강을 따라 운행하는 트램, 유럽에서 최장의 트램 노선망을 갖추고 있다

부다페스트에서 가장 번화한 쇼핑가 바치거리, 보행자전용도로

부다페스트의 도시재생

사회주의 시대의 부다페스트의 도시정책은 제1단계(1950년대)에 극단적으로 집중돼 강한 이데올로기적 특징을 나타내었고, 제2단계(1960년대)에는 5개 지방레벨 도시에 대한 발전, 제3단계(1970년대)에서는 규모와 기능, 우선순위에 따라 개발자금을 분배하게 되었고, 마지막으로 제4단계(1980년대)에서는 사회주의 체제가 무너져 시장 경제로 변화하는 과정을 겪게 됐다.

그 사회주의 시대 이후에는 근본적으로 공공서비스의 증진, 공공재정의 활용, 도시정책의 공평성, 그리고 환경문제와 대기오염 정책이 중심이 되고 있다. 최근의 포드마니스키 도시계획Podmaniczky Programe의 중기개발계획(2006-2013년) 주요 내용을 개략적으로 살펴보면 다음과 같다.

부다페스트 지하철 4호선, 5호선 건설계획, 옛 도심 건축물 보수 및 경관 정비, 역사지구의 차량 통행제한, 지하주차장 건설, 차 없는 거리 및 자전거도로, 아름다운 다뉴브 강변 만들기, 영세지역 주택재개발사업, 대도시권과 부다페스트 도심을 잇는 대중교통 P&R 시스템 및 환승센터 등 포괄적인 도시개발 및 교통계획을 포함하고 있다(http://www.urbanisztika.bme.hu).

부다지역 겔레르트 언덕 근처의 유명한 겔레르트 온천

1896년에 지어진 헝가리 건국 1000년을 기념하는 영웅광장

부다 왕궁에 있는 헝가리 국립미술관

시가지일대 477.3ha 면적의 세계문화유산

부다페스트는 1987년에 부다 왕궁 일대와 겔레르트 언덕, 페스트 지역에 위치한 국회의사당 일대를 '부다페스트, 다뉴브 해안과 부다 성'이라는 명칭으로 세계문화유산으로 등록했다. 그리고 2002년 UN이 정한 '세계문화유산 및 자연유산 보호에 관한 협약' 30주년을 기념하면서 세계유산선언문Budapest Declaration on World Heritage이 채택되기도 했다. 같은 해 안드라시 거리와 유럽에서 처음으로 개통된 밀레니엄 지하철이 등록대상에 추가되면서 부다페스트의 다뉴브 강 연안과 부다 성 지구, 안드라시의 지정 면적이 477.3ha(완충지역 493.8ha)로 확장됐다.

특히 1987년 기 지정된 주요 세계유산으로는 부다 성Buda Castle, 마차시 성당Matthias Church, 유럽에서 가장 규모가 큰 국회의사당Hungarian Parliament Building), 부다와 페스트를 연결하는 세체니 다리Széchenyi Chain Bridge 등이 있다. 그리고 2002년에 역사지구의 확장에 의해서 추가된 안드라시 대로 지하에는 유럽대륙 최초로 건설된 지하철M1, 지상에는 성 스테반 성당Saint Stephen's Basilica, 헝가리 1000년 역사의 위대한 인물들을 기리기 위해 만들어진 영웅광장, 세체니 온천, 국립오페라극장과 리스트 음악원 등이 있다.

부다페스트 대중교통 수단분담률은 65%로 매우 높으며, 15개 트롤리버스노선이 운행되고 있다

세계 최장의 트램 노선망

부다페스트의 대중교통은 4개의 메트로, 5개의 교외철도, 33개의 트램노선, 15개의 트롤리버스Trolleybus, 264개의 버스노선을 부다페스트 교통공사BKV에서 일괄 운행하고 있다. 2014년 대중교통 수단분담률은 65%로 매우 높으며, 2030년까지 대중교통 80%-승용차 20%를 목표로 하고 있다.

동구권의 경우 많은 노면전차가 노후화되고 노선이 폐지되는 공통된 특징을 지니고 있지만, 헝가리의 수도 부다페스트에서는 시가지 전역에 노선을 확장하여 세계에서 가장 긴 트램 노선망을 보유하고 있다. 특히 트램 4번과 6번 노선은 세계에서 가장 차체가 긴 54m 독일의 지멘스 콤비노Combino 시스템으로 새벽 4시부터 23시 혹은 밤 12시 30분까지 서비스하고 있다.

한편 부다페스트의 4개의 메트로 가운데 1896년 5월에 개통한 M1 밀레니엄 지하철 1호선은 세계에서 2번째 전기방식의 지하철로 유럽 대륙 최초의 역사를 지니고 있다(http://www.bkv.hu/en/).

헝가리 국왕들의 대관식과 결혼식이 열렸던 곳으로 유명한 마차시 성당

아테네

고대 신화의 도시, 역사지구 도시재생 전략

고대 그리스의 중심 아테네는 세계에서 가장 오래된 역사문화도시다.
그러나 현재의 아테네는 재정 위기로 인한 긴축재정정책과 임금 삭감, 공무원 해고 등으로
파업과 시위가 이어지며 주력 산업인 관광업의 수입이 감소하고 있다. 이를 극복하기 위한
관광산업육성정책을 비롯해 세계의 고도 보존을 위한 플라카 중심상업지역 일대의
교통규제와 도시재생 전략 등에 대해 살펴보기로 한다.

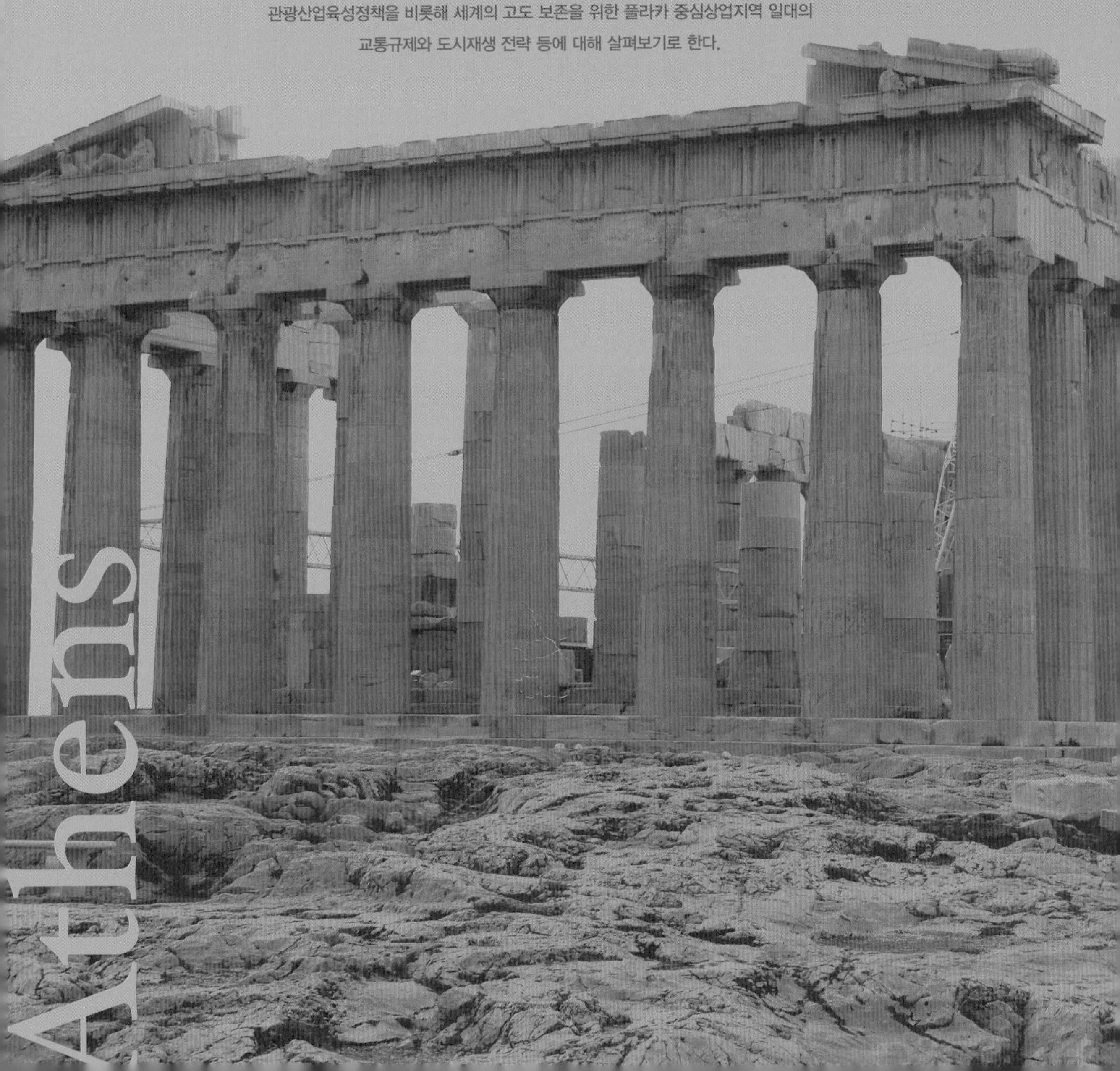

세계에서 가장 오래된 역사도시, 고도 아테네 아크로폴리스

아테네는 세계에서도 가장 오래된 도시의 하나로 약 3400년의 역사를 지니고 있다. 예술과 학문, 철학의 중심에 소크라테스, 플라톤, 아리스토텔레스가 있고, 서양 문명의 요람과 민주주의의 발상지로서 기원전 4~5세기 그리스 문화를 만들어 냈으며 이후 세기에 걸쳐 유럽에 큰 영향을 준 것으로 잘 알려져 있다.

아테네 시의 인구는 67만 명으로 면적은 39km²이지만, 아테네 도시권 인구는 2011년 현재 309만 명에 이르러 대도시권 지역Larger Urban Zones(LUZ)의 인구는 유럽연합 영역 내에서는 일곱 번째로 크다.

고대 아테네의 중심인 아크로폴리스Acropolis는 언덕 위의 도시라는 뜻으로, 높이 156m의 바위 언덕 위에 자리 잡고 있다. 부지 면적이 3ha가 채 안 되는 이곳은 방사형 도로를 따라 모이게 되며, 그리스가 인류에 남긴 가장 위대한 건축과 예술로 전해지고 있다. 또한 이곳 정상에는 익티노스Ictinus가 세운 파르테논Parthenon 신전, 에레크테이온Erechtheion 신전이 있다.

아크로폴리스 신전 입구인 프로필라이온Propylaea과 작은 규모의 아테나 니케Athena Nike 신전 등 여러 곳에서 복구공사가 진행되는 와중에 바로 아래에는 폐허가 된 원형극장인 디오니소스 극장과 몇 개의 기둥만 남아있는 제우스 신전 등이 있어서 역사지구를 멀리서 바라다보면 역시 신화의 도시임을 실감하게 된다.

모나스티라키 역 주변, 플라카 지구와 연결이 된다

구시가지 플라카 중심상업지역 주변의 주택밀집지역

경제 위기 극복 위해 관광산업 활성화 적극적 추진

그리스 경제는 2004년 아테네 올림픽을 개최할 때까지 국내총생산GDP이 매년 -4% 성장해, 유럽연합 회원국 중 낮은 마이너스 경제성장률을 보인 것 같지만, 실제 인플레 정책으로 인해 2009년 재정적자는 최고 -15.7%를 기록한 바 있다.

지난 2010년 제1차 구제금융을 받으면서도 상황은 개선되지 않았고, 2012년 2차 구제금융의 선결조건에는 연금 및 임금 삭감, 공무원 해고, 민영화 계획 등이 포함돼 있다. 이러한 재정 위기 사태 극복을 위해 긴축재정정책과 각종 개혁정책을 추진하는 가운데 특히 정부는 관광산업 육성을 하나의 돌파구로 생각하고 있다.

우선적으로 2013년 8월 1일부로 식품서비스업에 대한 부가가치세를 23%에서 13%로 크게 인하하면서 관광객 유치에 크게 기여할 것으로 기대하고 있다. 문화관광부 또한 외국 언론 및 여행사를 초빙하고 각종 행사를 개최해 고대 그리스 문명의 유물과 유적지, 지중해 관광지 홍보를 강화하고 있다고

아크로폴리스에서 바라다 본 고대 그리스 디오니소스 원형극장

한다.

필자가 방문했던 기간에는 마침 아테네의 중심 신타그마 광장 일대에서 말끔한 교사들이 시위를 하고 있었고, 주변 플라카 지구의 모든 쇼핑가에는 관광객이 거의 없고 세일 이벤트만 진행되고 있어서 안타까운 모습이었다. 이를 바라 보면서 빠른 시일 내에 재정위기를 극복하고 내부 혼란이 안정돼 예전처럼 관광객이 넘치는 아테네를 기대해 본다.

세계의 고도 보존을 위한 교통규제, 도시재생

그리스는 1830년 문화재 보호를 시작으로 2002년에 고도古都 보존을 위한 법률이 제정돼 역사유적지historic site에서의 행위 제한을 하고 있으며, 유적 보존은 도시계획을 통해 유적의 시기별로 구분해 관리하고 있다고 한다. 그리고 문화재 주변의 도시계획은 문화재관리부서가 최종적인 결정 권한을 가지고 있다.

아름다운 카리아티드로 유명한 에레크테이온 신전

국회의사당 앞으로 이어지는 아말리아 간선도로, 트램이 주행하고 있다

이렇게 고도 보존을 위한 엄격한 규제로 인해 구시가지 내 도로 정비는 거의 불가능하고 교통체증이 더욱 심각한 상태였지만, 플라카 중심상업지역 일대의 차량 진입을 억제하고 우회하도록 교통규제를 실시함에 따라 구시가지 다운타운은 쾌적한 보행자 전용공간으로 바뀌게 됐다. 시내 한가운데 플라카 지구 어디에서도 아크로폴리스를 바라볼 수 있고, 옛날 그대로 보존된 집들과 골목길을 걸으면서, 밤에는 불켜진 파르테논 신전이 보이는 언덕 아래서 다른 도시에서는 쉽게 맛볼 수 없는 고도 아테네의 매력을 누구나 느끼게 될 것이다.

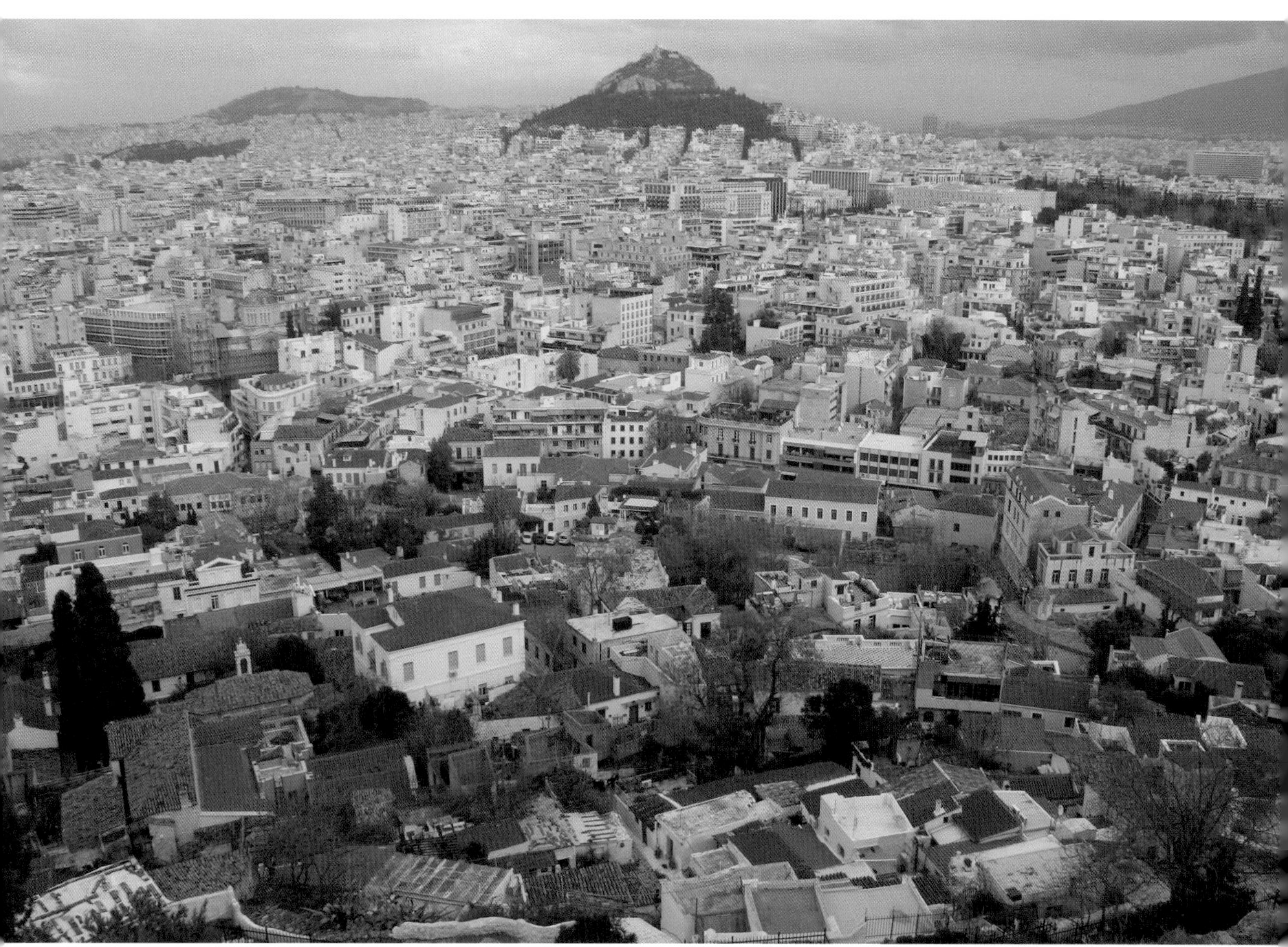

아크로폴리스 언덕에서 바라다본 아테네 시가지 전경

한편 아테네는 지속가능한 이동, 교통체증 완화, 소음 및 공해 해소 등을 위한 도시재생계획Urban Revitalization 2015에 따라, 타 유럽 여러 도시들이 이미 오래전부터 성공적으로 시행하고 있는 시티바이크, 공공자전거 대여 시스템을 도입할 예정이라고 한다. 현재도 신티크마 광장, 아크로폴리스, 아고라에 둘러싸인 역사지구 일대 골목에는 관광투어버스가 겨우 지나갈 정도로 도로 폭이 협소하다. 불법주차 때문에 이를 피해 가는데 한참 시간이 걸린 기억이 있어서, 앞으로 시티바이크가 도입되면 자전거를 타고 구시가지를 돌아다니며 투어하는 것이 훨씬 좋을 듯하다.

아테네의 교통정체를 해소하는 대중교통 시스템

지하철, 버스, 트램, 교외철도 등 아테네 대중교통이 정부의 추가 재정 긴축 조치에 항의하는 노조 파업으로 극심한 교통 혼잡과 마비 상태에 놓인 것이 자주 보도되고 있다. 현재 아테네의 대중교통 특징은 트롤리 버스가 22개 노선 360여 대의 차량이 운행되고 있으며, 중심 시가지는 버스와 지하철 및 트램 연계 노선망이 잘 갖추어져 있다.

2개 버스 회사가 아테네의 주된 노선버스 사업자로서, 300개 노선이 네트워크를 이뤄 대도시권 지역을 운행하고 있으며, 천연가스를 연료로 하는 버스 차량의 구성비가 유럽 도시 가운데 비교적 높다. 아테네 지하철은 건설 시 발견된 그리스의 유적을 역 구내에 전시하고 있고, 이로 인해 건설 기간이 오래 걸린 점으로도 유명하다. 1호선Green line은 1869년 증기철도로 개통해 교외전철로 22개 역, 영업거리 25.6km를 운행하고, 1일 60만 명을 수송하고 있다. 그리고 2호선Red line과 3호선Blue line은 1991년 건설하기 시작해 최초 구간이 2000년 1월에 운행을 개시했다. 2 · 3호선 모두 현재 구간 연장중이며, 전체 노선 길이는 약 77km에 이른다.

그 외에도 광역철도는 아테네 국제공항과 코린토스Corinth, 그리고 아테네 서측에서 라리사Larissa 역을 경유해 피레우스Piraeus 항을 연결하고 있다.

국회의사당 앞, 근위병 교대식이 매시각 열린다

고대 그리스 철학자 플라톤이 설립한 아테네 아카데미

아테네 올림픽 계기, 2004년 7월 트램 개통

아테네는 이미 오래전 1882년부터 트램 시스템을 운행해 왔으나 제2차 세계대전을 거치면서 1960년 10월에 노선이 폐지됐다. 최종적으로 1개 노선perama-Piraeus만이 1977년까지 운행함으로써 52년간의 트램은 사라지게 됐다.

그러나 최근 전 세계적으로 친환경 교통수단으로 각광받고 있는 SIRIO트램이 지난 올림픽을 계기로 2004년 유럽연합의 지원으로 새로 도입됐다. 총 48개 역에 운행 구간은 27km로 10개의 아테네 교외 지역을 연결하고 있다. 1일 수송인원은 6만5000명이지만 시내에서는 출퇴근 시간이 아닌데도 불구하고 열차가 꽉 차서 트램 이용률이 매우 높아 보였다.

트램 노선은 신타그마 광장에서 남서부 교외지역 파레오 파리오Palaio Faliro를 이어주고, 지선 하나는 아테네 해안을 따라 남측 불라Voula로, 다른 노선은 피레우스의 네오 파리오Neo Faliro로 갈라진다. 장래에는 피레우스 항까지 연장한다고 한다. 시내 구간에서는 편측과 중앙주행방식을 병행해 시내 교통체증을 크게 해소하고 있었고, 사로니 코스 연안을 따라 달리는 아테네 트램은 매우 유용한 대중교통 시스템으로 자리매김하고 있었다.

시내 아말리아 간선도로는 교통정체가 심하다

아테네 해안을 따라 잔디 궤도를 주행하는 트램

부에노스아이레스

남미의 세계도시, 푸에르토 마데로 항의 성공적인 도시재생

부에노스아이레스 푸에르토 마데로의 재개발은 1960년대부터 진행된 워터프런트 개발의 성공적인 사례다. 이곳은 불과 15년 전만 해도 가장 지저분하고 낙후된 지역으로 아무도 다가가지 않았던 항구였지만, 지금은 고층 빌딩과 고급 아파트가 들어서고 시민들의 친환경적 휴식 공간으로 새로이 바뀌었다. 또한 재개발 사업시 도입된 최신형 트램 셀레리스는 모던한 수변 공간과 잘 조화를 이루고 있다.

잠들지 않는 남미의 세계도시

아르헨티나의 수도 부에노스아이레스Buenos Aires는 남미 동남부 라플라타 강Río de la Plata의 하구에 자리한 항구도시로서 유럽 문화의 영향을 강하게 받아서 남미의 파리라 불리고 있다. 세계적인 오페라 극장 테아트로 콜론Teatro Colón을 비롯해 수많은 미술관과 박물관, 공연장이 몰려있어 잠들지 않는 문화도시, 아르헨티나 탱고와 정열의 도시 등으로 유명하다.

부에노스아이레스는 면적이 203km^{2}에 인구가 289만 명으로 밀집해 있어서 브라질의 상파울로에 이어 남미에서 가장 큰 도시 중 하나다. 그리고 수도권인 그란부에노아이레스는 약 1274만 명이 사는 라틴아메리카에서 세 번째로 큰 인구 밀집지역이다.

역사적으로는 페드로 데 멘도자Pedro de Mendoza가 이끌었던 스페인의 원정대가 정착하며 1536년 처음 설립됐지만 폐허가 됐고, 1580년에 두 번째이자 영구적인 정착을 한 후안 데 가라이Juan de Garay에 의해 'the site Ciudad de Trinidad'라 명칭이 붙여졌다고 한다. 그리고 19세기 내전 이후, 부에노스아이레스 주에서 독립해 연방특별구Capital Federal가 되면서 급속도로 팽창했으며, 특히 19세기부터 20세기에 걸쳐 이탈리아, 스페인, 폴란드, 러시아 등 유럽으로부터 수많은 이민자들을 받아들여 본격적인 도시의 틀을 갖추고 발전하기 시작했다.

시가지 중심대로 누에베 데 훌리오에 2013년 7월 도입된 BRT시스템, 메트로 버스(Metrobus 9 de Julio)

1810년 5월독립혁명 200주년 기념행사 성대히 개최

부에노스아이레스의 도시계획은 1950년대부터 본격적으로 시작됐으며, 산업화 과정을 거치고 도시가 발전되면서 1980년대 초에 주요 지역을 연결하는 도로를 대대적으로 정비했다. 중심축은 대통령궁인 카사 로사다Casa Rosada에서부터 5월대로Avenida de Mayo를 따라 국회까지 이어지며, 도로 폭이 144m로 독립을 기념하는 7월9일대로Avenida 9 de Julio가 이와 교차해 연결된다.

이곳에서는 지난 2010년 5월 21일부터 25일까지 5일간 600만여 명의 시민들이 참가해 독립 200주년을 기념하는 대규모 행사를 성대하게 연 것으로 언론에 보도된 바 있다. 이를 보면 아르헨티나는 1810년 5월혁명(1816년 완전독립)을 통해 스페인에 대한 독립전쟁을 선언한 것을 모두가 뜻 깊게 여기고 있음을 알 수 있고, 이러한 자부심이 미래 국가 발전의 힘이 되고 있음을 느꼈다.

보행자전용 플로리다 거리와 대중교통 현황

부에노스아이레스는 격자형 도시 패턴을 가지고 있으며, 도시 중심지에는 1913년에 조성된 보행자전용도

시내중심상가의 보행자전용도로 플로리다 거리

5월광장 뒤로 이어지는 도심 비지니스지구

1946년 도시 400주년을 기념하기 위해 플라자 데 레푸블리카 광장 중앙에 세워진 오벨리스크

로 플로리다 거리가 유명하다. 이곳은 도시버스 콜렉티보Colectivo와 지하철 숩테Subte의 노선C 등으로 쉽게 접근할 수 있어서 항상 많은 사람들이 몰리고 있다. 특히 콜렉티보Colectivos라고 불리는 150개 이상의 도시버스가 각 철도 노선과 잘 연계돼 있어서 철도이용률이 매우 높다.

철도는 총 7개 노선에 하루 130만 명 이상이 이용하며, 시내 3개의 주요 역Plaza Constitucion, Retiro and Once de Septiembre에서 시외와 장거리 지역을 연결한다. 이에 외곽 지역에서 도심으로 들어가기 위해 통근철도Commuter rail를 쉽게 이용할 수 있다.

2015년 현재 지하철은 A~E, H선 등 총 6개 노선 85개 역에 노선연장은 53.9km, 프레메트로 포함 61.31km에 이르고, 하루 수송량은 105만 명이다(www.metrovjas.com.ar). 트램은 과거 1960년대에 857km의 노선을 보유하고 있었으나 대부분 폐지됐다가, 현재 다시 복구하고 있는 추세이다. 1987년 8월부터 경전철 프레메트로PreMetro 또는 E2선이라고 불리며, 메트로비아스Metrovías에 의해 7.4km 노선이 운행되고 있다. 그리고 푸에르토 마데로 지구에서는 신형 노면전차 셀레리스Celeris가 운행되고 있다.

부에노스아이레스 지하철은 A선~E선, H선 총 6개 노선으로 메트로비아스 사에서 운영하고 있다

책의 도시답게 지하철 승강장에서도 신문과 잡지 등의 가판대가 설치돼 있다

세계적인 항구 재개발 성공 사례, 푸에르토 마데로

부에노스아이레스는 항구도시지만 수심이 낮아 항구에서 멀리 떨어진 곳에 배를 정박할 수밖에 없어서 1897년 푸에르토 마데로Puerto Madero를 건설했다. 하지만 대규모 화물선이나 배들이 접안할 수 없어서 점차 항구 역할을 못하게 됐다.

마침내 부에노스아이레스에서 가장 슬럼화된 지역으로 변모하게 됐고 그동안 몇 차례 개발을 시도하다가 결국 1989년 11월 푸에르토 마데로 연합회사corporacion antiguo puerto madero라는 주식회사를 설립하고 전국가적 차원의 프로젝트 공모를 통해 재개발하기에 이르렀다.

푸에르토 마데로는 재개발 사업을 추진하던 2000년에 아르헨티나가 IMF 경제위기를 겪으며 많은 건설이 중단되기도 했지만, 이후 경제가 회복되면서 다시 성공적으로 추진돼 왔다. 특히 이 프로젝트의 주안점이 환경친화적 도시재생인데, 이에 맞게 환경보존이 잘 이루어진 것으로 평가받고 있으며, 기존의 역사적 가치가 있는 건물들을 개조하고 복원하는 등 부에노스아이레스에서 가장 생기 넘치고 럭셔리하고 활기찬 곳으로 변하게 됐다.

향후 주상복합상업지구가 추가적으로 더 조성될 예정이긴 하지만, 이 재개발 사업은 10억 달러가 투자된 대규모 프로젝트 공사로 세계의 주요 도시에서 진행됐던 워터프런트 개발 가운데 손꼽히는 성공 사례로 이미 평가받고 있다.

푸에르토 마데로에 도입한 최신형 노면전차

부에노스아이레스에 2007년 7월 개통한 노면전차는 푸에르토 마데로 재개발과 함께 추진돼 43년 만에 부활한 시스템이다. 차량은 프랑스 알스톰사의 유명한 Citadis 302 모델로 100% 저상형이며, 교차로에 우선신호시스템semaforización을 도입하는 등 실제 어느 남미 도시에서도 볼 수 없는 최신형의 시스템을 도입한 바 있다(www.alstom.com).

보행접근성이 미비하고 타 수단과 환승연계 시스템이 제대로 안 갖춰져 있었지만, 성공적인 재개발을 통해 모던한 수변도시 공간으로 탈바꿈한 푸에르토 마데로 지구와 잘 어울리는 노면전차Tramway였다.

프레메트로 또는 E2선이라 불리며 영어로는 East 노선으로 알리시아 모루 데 유스토Alicia Moreau de Justo 대로변을 따라 아베니다 코르도바Avenida Córdoba역에서 인데펜덴시아Independencia역까지 4개역으로 승객이 적어 2012년 10월까지 운행하고 중단됐다. 총 연장이 2km에 불과하여 장래에는 푸에르토 마데로를 순환할 수 있도록 레띠로Estación Retiro 철도역과 버스터미널Retiro bus station까지 연장할 계획이지만 아직 미정이다.

푸에르토 마데로 트램은 승객이 적어 2007년부터 2012년 10월까지만 운행하였다

세계문화유산지구로 보존되고 있는 보카지구(La Boca)는 관광객이 꼭 찾는 곳이다

보카지구에는 이주민 생활터전과 그 당시 지은 집이 그대로 보존돼 있다

부에노스아이레스의 환경추진전략 'C40 CITIES'

C40는 전 세계 40개 대도시들이 기후변화에 대한 심각성을 인식하고 이에 대응하기 위해 구성된 세계대도시기후선도그룹The Large Cities Climate Leadership Group이다. 지난 2005년 10월 런던시장의 제안으로 C40의 토대가 형성됐고, 2007년 기후변화 공동대응에 대한 정보교류 합의와 실질적인 기후변화대응을 추진하기로 하였으며, 제3차 C40회의는 2009년 5월 서울에서 개최된 바 있다. 이와 같이 C40의 구성 목적은 대도시들이 기후변화에 공동대응하고, 온실가스의 감축을 위한 행동과 협조의 구체적 방안을 마련하는 것인데, 부에노스아이레스의 경우 2008년 기후변동 동경회의에서 공공건축물의 에너지 절감대책, 지속가능한 건축물 프로그램과 공공조달, ECO버스 프로젝트에 대하여 에너지 효율화 기술개발과 성공사례를 발표한 바 있다.

그 가운데 흥미로운 것이 ECO버스다. 부에노스아이레스 환경보호청이 추진한 프로젝트로 자동차 배출가스규제 EURO4에 적합하다. 또 온실가스 배출삭감목표와 연료소비량은 30~40% 이하로 달성하고자 했으며, 도시교통 시스템으로 모두 대체할 경우 연간 23만 톤의 CO_2가 삭감될 수 있을 것으로 전망하고 있다. 한편 2010년부터 부에노스아이레스에서도 공영자전거 EcoBici를 도입하여 꾸준히 교통환경을 개선해 나가고 있다. 2015년 현재 총 155km 자전거도로를 정비하였으며, 2016년 5월을 목표로 총 3000대의 자전거와 200개 스탠드를 갖출 계획이다(ecobici.buenosaires.gob.ar).

탱고의 거리인 카미니토(Caminito), 명곡 이름에서 붙여진 거리

남미 영웅 산마르틴 장군 기마상과 파스텔 톤 건물들이 인상적이다

델리

인도의 역사와 문화의 중심

델리는 1200만 명이 거주하는 인도의 정치 · 경제 · 문화의 중심지로서 미래를 이끌어갈 다기능의 도시이다. 계획도시인 뉴델리는 방사형 도로로 주변에 가로수와 녹지도 있지만, 구시가지인 올드델리를 비롯한 사우스델리 전체는 세계 최고의 오염 도시로 알려져 있다. 이러한 오명에서 벗어나기 위해서 다양한 교통환경 대책을 추진하고 있으며, 주거환경 개선, 화장실 건설 등을 골자로 한 '클린 인디아' 프로젝트의 도시 정비가 한창 진행되고 있다.

Delhi

영국이 조성한 방사형 계획도시, 뉴델리

1912년 영국령 인도의 수도 콜카타Kolkata에서 델리로 인도의 행정부 소재지가 옮겨졌다. 올드델리에는 전통 시장인 찬드니 초크Chandni Chowk, 마하트마 간디의 라지 가트Raj Ghat, 17세기 역사적 건축물로 유명한 자마 마스지드Jama Masjid, 유네스코 세계문화유산이자 무굴 제국의 상징인 레드 포트Red Fort등 인도의 오랜 전통과 역사를 볼 수 있다.

그리고 남쪽 약 5km 정도 떨어진 곳에 행정도시 뉴델리가 건설됐는데, 영국 식민지 시절에 건축가 에드윈 루티엔스의 설계에 의해 도시계획이 됐다. 영국 제국의 양식으로 행정기관을 배치하고 풍부한 녹지공간을 창조했다. 도로의 동서축은 뉴델리의 랜드마크인 인디아 게이트에서 대통령 관저까지 이어지는 라지파트Rajpath(왕의 길)가 파리 샹젤리제 거리처럼 펼쳐지고, 북측 델리 시가지를 잇는 중앙부에 상업업무 중심인 코넛 플레이스Connaught Place가 입지하고 있다.

이들 세 곳이 거의 삼각형의 방사형 도로망을 이루고 있으며, 특히 뉴델리의 도시계획에 있어서 가장 중요시됐던 것이 녹지라는 점을 주목할 만하다. 가로수, 공원, 주택정원 등으로 철저히 식재가 계획됐고, 그 녹지 면적은 도시 면적의 2/3에 이르고 있다.

델리의 마스터플랜, 2021년 세계적인 도시 목표

델리 수도권 NCRNational Capital Region은 델리수도직할지역National Capital Territory of Delhi을 중심으로 총면적 4만 6208km², 인구 약 2175만 명 규모의 대도시권이다. 지난 1985년에 델리 주변 지역의 전체 균형 발전을 촉진하고 델리의 인구가 과밀화되는 것을 막기 위해서 수도권계획위원회NCR Planning Board를 설립했다. 그리고 2005년에 Regional Plan 2021을 작성했고, 이어서 2010년에는 이 계획을 추가 보완하는 Transport Plan 2032를 수립한 바 있다.

Regional Plan 2021의 목적과 목표는 델리의 오랜 전통과 역사를 바탕으로 경제 개발의 영향을 5개의 도시 거점과 1개의 지방 거점을 중심으로 효율적인 네트워크를 형성함으로써, 델리수도직할지역 전체의 성장과 지역 내 균형 발전을 촉진하는 것이다.

델리 메트로는 1일 총수송인원이 219만 명으로 이용객이 매우 많다

인도 여성들은 평상 시에도 전통의상 사리를 입고 생활한다

델리 개발청DDA이 수립한 델리 'Master Plan 2021'의 목표는 ①델리를 세계적 도시로 만들기 ②환경 · 역사적 유산의 보전 ③지역(광역)적 관점에서 계획 · 개발 ④지속가능한 생활수준과 생활의 질 향상 ⑤서민 입장을 배려한 정책 접근 ⑥인간적인 도시 등이다.

델리의 주 대중교통수단, 메트로

델리의 대중교통은 버스와 메트로, 오토릭샤(삼륜차), 택시 등이 있다. 특히 버스는 한국에서 운행됐던 중고 차량을 아직까지 가끔 볼 수 있으며, 델리의 전체 교통의 약 60% 수요를 차지하고 있다. 특히 짧은 거리를 이동할 때 편리한 오토릭샤는 미터기가 있지만 택시보다 낮은 운임으로 흥정해가면서 현지인들에게 인기가 있다. 그리고 사이클 릭샤는 올드델리에서만 운행되고 있다.

지하철인 델리 메트로는 1998년 건설하기 시작해 2002년 처음으로 레드 라인의 일부 구간이 개통된 후 순조롭게 노선을 늘려나가면서 현재 6개 노선, 146개 역, 총연장 193km에 이른다. 2016년 3단계 정비가 완공되면 총연장은 330km, 2021년 4단계에는 430km로 확장돼 세계 최대급의 도시철도망을 갖추게 된다.

올드델리가 수도였던 당시 무굴제국의 왕궁으로 사용했던 레드 포트 안의 건물

레드 포트 안은 길게 이어진 회랑 형태로 건물은 붉은 사암으로 지어졌다

출퇴근 시에는 매우 혼잡하기 때문에 그 시간만 피하면 될 것 같지만 그렇지도 않다. 여성을 배려해 2010년부터 여성전용칸을 운행 중에 있고, 에스컬레이터나 차량 문 사이에 인도 옷 사리가 끼지 않도록 사리가드 브러시가 설치된 것이 특이하다.

지난해 델리 메트로의 1일 이용객은 219만 명으로 항상 붐비고 있어서, 여행자 입장에서는 단거리 구간을 메트로를 이용하거나 환승하기에 다소 불편하다. 따라서 델리 관광청에서 운영하는 HoHo 버스(www.hohodelhi.com)가 있는데, 올드델리와 뉴델리의 레드루트, 사우스델리의 그린루트 2개 노선이 주요 19개 관광지를 운행하므로 이를 추천하고 싶다.

세계 최고의 오염도시 델리, 적극적인 환경대책 필요

인도의 많은 도시들이 미세먼지(PM2.5, PM101 등)에 의한 대기오염이 세계적으로 가장 심각한 수준을 보이고 있다. 세계보건기구 WHO가 2014년 5월 발표한 91개국 1600개 도시의 대기오염 조사 결과에서, 초미세먼지(PM2.5) 오염이 가장 심각한 전체 20개 도시 중 13개 도시가 인도 도시들이 차지했다.

뉴델리의 랜드마크인 인디아 게이트, 이곳에서 대통령 관저까지 광로로 연결되고
주변으로 넓은 녹지축이 형성되어 있다

근본적으로 대기오염이 악화된 데에는 2000년대 중반부터 PM10의 연간평균농도가 지속적으로 증가했기 때문이지만, WHO는 이러한 대기오염의 주요 원인은 석탄과 화력발전 등 화석 연료에 대한 높은 의존, 증가하는 자동차의 배기가스(특히 디젤 자동차와 구형 차량), 수확 후에 벼, 보리, 사탕수수 찌꺼기 등을 태울 때 발생하는 먼지들을 지적하고 있다.

이러한 오염 상황을 줄이기 위해 2001년 이후 버스와 오토릭샤 등에 압축천연가스CNG 사용 의무화 조치를 시행했으며, 2009년 국가 대기질 기준NAAQS을 개정하고 12종류의 오염 물질에 대한 환경기준을 정했다. 또한 디젤차에 높은 세율을 부과하는 등 자동차 배기가스 저감 대책을 실시하고 있다.

점차 정비돼가고 있는 델리의 도시환경

델리는 메트로 1단계 건설 이전만 해도 인프라가 잘 정비되지 않은 채 오토릭샤, 택시, 버스 등으로 교통체증과 대기오염이 만성화됐었다. 하지만 2010년 제19회 커먼웰스게임Commonwealth Games을 개최하면서 열악한 도시 환경을 대대적으로 정비하는 계기가 됐다. 브릭스BRICs 가운데 유일하게 올림픽 개최국이 아닌 인도가 다음 국제적 행사를 준비하겠다는 다짐으로 보인다.

뉴델리 사켓에 위치한 최대 쇼핑몰인 셀렉트 시티워크

올드델리의 중심상업지역인 코넛 플레이스의 재래시장

델리의 대중교통수단으로 가장 보편적인 오토릭샤, CNG 사용을 의무화했다

2010년에는 인디라 간디 국제공항의 현대적인 리노베이션과 새 터미널이 완성됐고, 델리 시내와 공항을 잇는 메트로가 건설됐다. 그리고 2011년 개통된 에어포트 익스프레스는 공항과 에어로시티 Aerocity, 뉴델리 역을 18분 만에 연결하고 있다. 도로망에 있어서도 기존 고속도로의 입체 교차를 증설하고, 외곽 환상선 계획을 꾸준히 추진하고 있다.

특히 2014년 10월 모디 총리에 의해 시작된 '클린 인디아' 프로젝트는 주거 환경 개선, 화장실 건설 등을 골자로 한 도시정비를 진행하고 있다. 그 외에도 환경오염 감축을 위한 기준과 여러 대책으로 최근 대기오염이 어느 정도 개선됐다고 한다. 하지만 필자가 지난해 7월 이곳을 방문했을 때 먼지와 땀에 젖어 피부 트러블이 생기는 등 심각한 오염상황을 직접 겪었는데, 앞으로 국민 건강을 심각하게 위협하는 대기오염을 줄이기 위해서는 다양한 방안들이 더욱 강력하게 추진됐으면 하는 바람을 가지게 됐다.

DB

Part 2

친환경 교통과 저탄소 녹색도시

암스테르담

유럽의 친환경 자전거도시 네덜란드 암스테르담

암스테르담 중앙역을 처음 나서면 대규모 자전거 주차장에 꽉 찬 자전거와 역 광장에 쉴 새 없이 운행되는
여러 트램 노선들이 매우 인상적이다. 시내 중심가로 트랜짓 몰과 겹겹이 운하로 둘러싸인 거리에는
세계 각지에서 몰려든 관광객들로 넘쳐나고, 약 85%의 시민이 자전거를 보유하고 있어
자전거를 타는 많은 시민들의 모습을 통해 유럽의 친환경 도시임을 실감하게 된다.

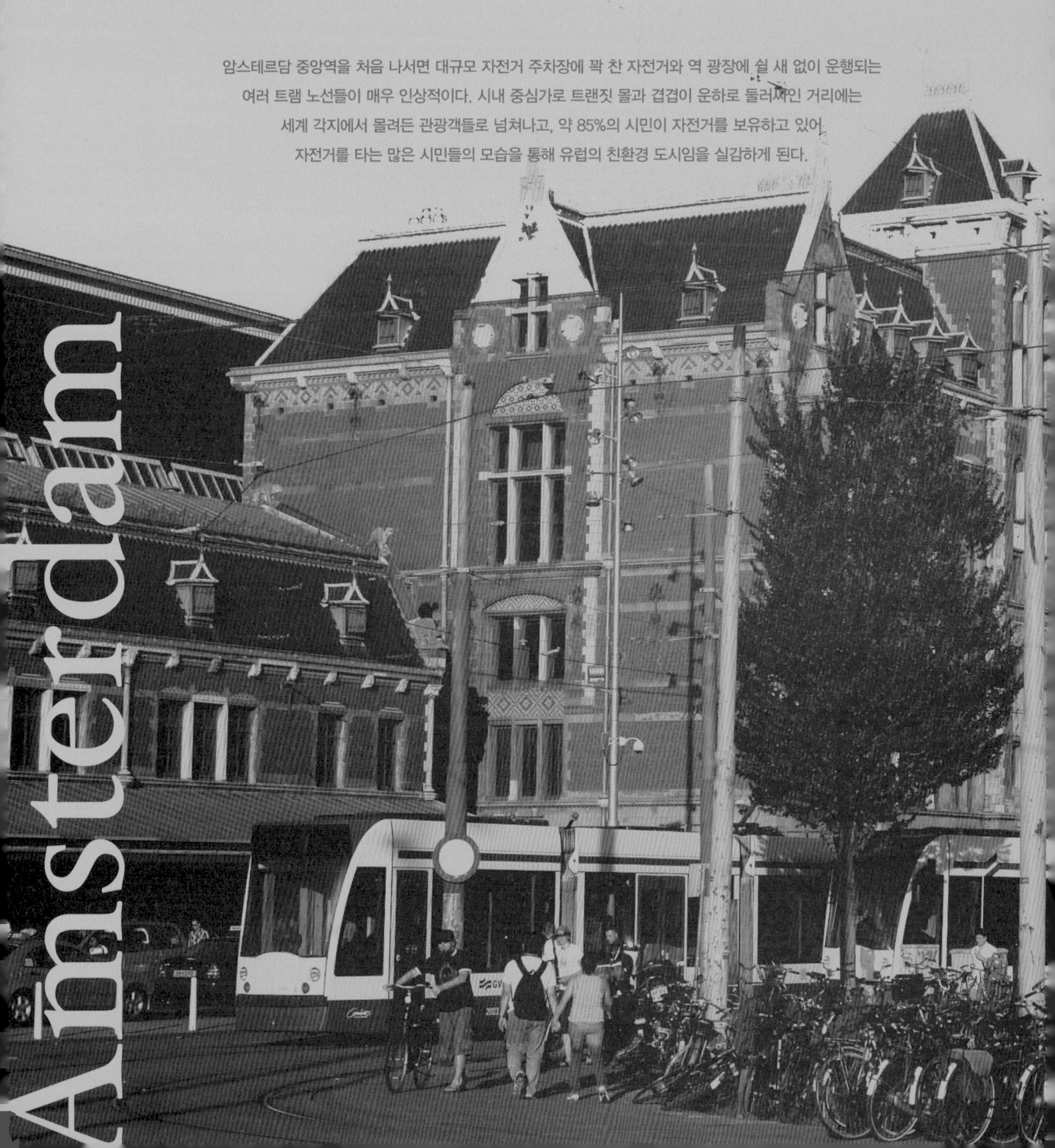

유럽문화수도, 암스테르담의 역사

네덜란드는 'Nederlanden(낮은 땅)'이라는 나라 이름이 말해 주듯 국토의 1/4이 해수면보다 낮다. 호수보다 낮은 저지대였던 네덜란드의 수도 암스테르담은 지금으로부터 약 800년 전 어민들이 암스텔 강 하구에 인위적으로 흙을 쌓아 올리고 이곳에 정착하면서 역사가 시작된다. 정착민이 늘어남에 따라 부채꼴 모양으로 운하를 파서 간척지를 넓히고, 거리를 반원형으로 넓혀나갔다고 한다.

암스테르담의 인구는 2014년 현재 81만909명이며, 면적 219km^2 중 수면이 53km^2를 차지하고 있다. 유럽 대륙의 도로, 철도, 항공로 등 교통의 거점도시로, 유럽을 방문하는 관광객이라면 한번쯤은 반드시 들려보고 싶은 도시로 인식되고 있으며, 실제 런던, 파리, 로마에 이어 유럽 제4위의 관광도시이다.

시내에는 국립박물관, 반 고흐 박물관, 안네 프랑크의 집, 렘브란트 하우스, 왕궁, 유태역사 박물관 등 60개 이상의 박물관과 미술관 등이 있고, 물의 도시답게 운하를 따라 펼쳐진 테라스가 있는 카페와 가로수 등 거리 곳곳에서 예술적 감각을 느낄 수 있다. 1987년에는 유럽문화수도로 선정된 바 있으며, '북쪽의 베니스', '튤립과 풍차의 도시', '운하의 도시', '에코시티Eco-city', '스마트 시티Smart city' 등 수많은 수식어를 가진 유럽의 친환경 도시이기도 하다.

중앙역을 나서면 보이는 대규모 자전거 주차장

도심부 자전거 통행의 수단분담율은 약 55%에 이른다

암스테르담 2020, 도시재생계획

암스테르담은 지속가능한 토지이용의 관점에서 보면 개발을 촉진할 수 있는 도시지역이 한정된 입지 여건을 가진, 환경지대(녹지나 공원)나 운하, 그리고 중심부 구시가지의 역사적 경관보존지구로 둘러싸인 도시이다. 운하를 따라 있는 운하지구Canal district에는 17, 18세기의 네덜란드 특유의 건축물들이 늘어서 있는데, 건물 외관 변경이 인정되지 않은 채 그대로 보전돼 있어 아름다운 경관을 연출하고 있다.

현재 시내 몇 개 지구에 대하여 '암스테르담 2020'이라는 도시재생계획이 진행되고 있는데, 대상지역은 에이뷔르흐IJburg 지구(2000-2020년), 암스테르담 역을 포함한 강 남부 해안 프로젝트, 자위다스Zuidas 지구(2001-2030년), 워터프런트 개발지구(2000-2030년)로 2020년을 목표로 한 미래도시 구상이라고 볼 수 있다.

이러한 도시재생계획에 근거한 몇 개의 도시개발 프로젝트는 역사적으로 가치가 있는 구시가지 외곽지역으로, 인구 80만 명에 필요한 주거 7만5000가구를 신축하여 총 45만 호를 확보하고, 수면을 매립해 공원 90ha와 녹지면적을 확대(2537ha→2600ha)하고, 상업, 공업, 항만지역의 기반시설 등을 추가로 계획하고 있다. 프로젝트 계획을 담당하고 있는 암스테르담 시 도시개발국에서는 시내 중심부에 도시계획 정보센터를 설치해서 현재 진행중인 프로젝트에 대한 프레젠테이션이나 패널, 모형, CG 등을 통해 미래 거리의 모습을 보여주고 홍보하며 주민들의 이해를 돕기 위해 노력하고 있다. 이의 일환으로 중앙역 프로젝트가 시행돼 2층에는 버스터미널 환승센터와 자전거 주차장이 만들어지고 1층에는 철도와 트램만을 이용하는 공간으로 조성되었다.

유럽에서 자전거 이용률이 가장 높은 도시

암스테르담은 세계적인 자전거정책의 벤치마킹 모델이 되고 있다. 조사자료(Department of Cycling City of Amsterdam, 2008)에 의하면 시민의 77% 정도, 도심부에서는 약 85%가 1대 이상의 자전거를 보유하고 있으며, 이중 50%는 매일 자전거를 이용하는 등 인구 대비 자전거 이용률이 가장 높다. 자전거는 연령과 소득에 관계없이 남녀노소 누구나 이용할 수 있어 도심부 자전거 분담율과 출근 통행 수단의 자전거 분담률이 모두 약 55%에 이르고 있다.

유럽에서 자전거 이용율이 가장 높은 도시, 암스테르담은 도시 전역에 400km 자전거도로망을 갖추고 있다

이처럼 자전거 이용이 활성화된 배경에는 꾸준한 자전거 교통 인프라 확보와 더불어 폭넓은 자전거 이용 정책을 추진하였기 때문이다. 1975~1990년대에는 중앙정부보다 앞서 자전거 이용에 초점을 맞춰 정책을 전환하기 시작하였고, 1990년대 추진한 Bicycle Master Plan에서는 자동차에서 자전거로 전환, 자동차에서 '대중교통+자전거'로의 전환, 자전거 이용자의 안전, 자전거 주차장과 자전거 도난방지, 지역+교통과의 통합 커뮤니케이션이 핵심정책이었다.

2006년부터 2010년까지 추진된 Bicycle Policy Plan의 주요 정책인 자전거주차장계획Bicycle parking consideration frame에 따라 주차시설의 양적 확대와 질적 개선을 위해 적정한 주차장 입지를 결정하여 구도심, 공공용지, 철도역 등에 공급하는 계획을 수립하였다. 또한 자전거도로의 적절한 유지 관리와 함께 자전거보행자겸용도로에서 자전거전용도로로 개선을 지속적으로 추진하고 있다. 한편 자전거설계편람Design manual for bicycle traffic(2007년 6월)은 자전거도로 설계와 유지 관리, 자전거 주차장, 평가 등 자전거에 관한 모든 것을 구체적으로 규정하고 있다.

암스테르담은 도시 전역에 400km에 이르는 자전거도로망이 구축되어 있고 어디에서나 자전거 타기에 불편함이 없는 도로 여건을 갖추고 있어서 자전거 타기가 생활화될 수밖에 없는, 그야말로 자전거 천국이 아닐까 한다.

암스테르담의 지속가능한 환경정책

지난 1999년 암스테르담 조약에서 지속가능발전 Sustainable Development을 유럽연합EU의 핵심과제 중 하나로 명기함으로써 EU의 지속가능발전이 법적인 지위를 획득한 바 있다. 또한 기후변화정책 방향은 온실가스 배출량을 2020년까지 1990년 대비 최소 20% 감축하고, 여타 선진국과 선발개도국들의 동참이 있을 경우 30%까지 감축한다는 입장이다.

암스테르담은 2025년까지 CO_2 배출을 1990년 수준보다 40% 줄이기로 발표했다. 이는 EU가 2008년 말 합의한 수준을 훨씬 웃도는 것으로 세계적인 친환경 도시임을 여실히 보여주고 있다.

최근 보도자료에 따르면 암스테르담은 이산화탄소 배출을 줄이기 위해 3년 내에 시내 전기충전소를 200개로 늘리는 등 전기자동차와 전기오토바이 이용을 장려하기로 했다. 또 시내를 관통하는 운하에는 전기보트를 띄워 무공해 교통수단으로 관광객까지 끌어들이는 에코투어를 계획하고 있다. 암스테르담 시내 전체를 둘러볼 수 있게 하면서 고흐 미술관 등 관광객이 몰리는 곳에서 타고 내릴 수 있도록 정류장을 설치한다.

현재 암스테르담에서 소비하는 전력의 6%에 불과한 재생에너지 이용률도 2025년까지 30%로 증가시킬 계획이라고 한다.

유럽의 다른 도시와 달리 독특한 디자인의 암스테르담 자전거택시

암스테르담 중앙역 앞에서 댐 광장으로 이어지는 트랜짓 몰의 자전거도로

친환경 교통수단인 트램과 자전거 이용이 편리한 도시

구시가지는 중앙역을 중심으로 부채꼴 모양의 방사상 도로와 반원형의 운하가 교차하고, 운하 양옆에는 17세기 건축물들이 어울려 색다른 풍경을 만들고 있다. 이러한 지형 조건으로 시가지의 도로폭은 좁고 엇갈린 형태로 자동차뿐만 아니라 버스 통행도 원활하지 않기 때문에 트램이 일찍이 발달해 왔다.

2015년 현재 약 80.5km의 노선연장에 중앙역 및 댐 광장을 중심으로 한 방사형 노선과 환상노선, 동서노선 등 총 15개 노선이 암스테르담 시영교통회사 GVB에 의해 운영되고 있다(www.gvb.nl).

유럽의 많은 도시에서 트램을 폐지하였던 1950년대 후반에 암스테르담은 수송력이 높은 연접차를 도입하였고 간선교통수단으로 이미 자리매김했다. 1990년 남부의 주택도시 암스텔펜Amstelveen에 지하철과 교외전차가 노선을 공유하는 직결운전으로 고상식高床式 고속트램sneltram이 운행되었고, 2006년 5월에는 1.9km의 해저터널과 매립으로 조성된 주거단지 에이뷔르흐Eibwireueu를 연계하는 노선 8.5km를 개통하게 되었다.

2001년 이후 낡은 전차가 독일 지멘스의 트램 콤비노Combino로 교체되면서 신형 저상형 차량이 쉽게 눈에 띈다. 차량 전면의 노선번호와 함께 2개의 라인으로 디자인된 컬러에 의해 행선지를 판별할 수 있도록 하고 있으나, 관심 있게 보지 않으면 노선의 고유 마크를 쉽게 구분하기 어렵다.

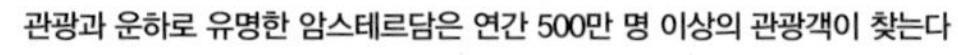
관광과 운하로 유명한 암스테르담은 연간 500만 명 이상의 관광객이 찾는다

암스테르담은 마약이 합법화된 도시로 밤늦게까지 거리는 흥겨운 분위기다

암스테르 강 하구에 둑을 쌓아 도시가 건설되었고, 시내에 있는 세 개의 운하에서 많은 사람들이 수상 교통을 즐긴다

유럽의 다른 도시와 달리 암스테르담의 트램에는 차장이 타고 있다. 차장대에서 티켓을 구입하고 뒷문으로 오르내릴 때 운임과 티켓을 확인하기 때문에 승객이 꽉 차있으면 다소 불편한 점을 감수해야 한다.

수많은 사람과 자전거, 그리고 트램이 혼재된 레이체 거리Leidsestraat와 렘브란트Rembrandt 거리는 대중교통 전용지구인 트랜짓 몰Transit Mall로 운영되고 있으며, 좁은 가로임에도 불구하고 차도 1차선을 보도와 자전거도로로 만들기 위해 재정비하고 있다. 이제 암스테르담 시내 구간은 자동차의 통행권이 거의 없는 오직 자전거와 트램을 이용하기에 편리한 도시가 되고 있다.

중앙역 메트로 연계 연장노선과 대중교통 환승센터

암스테르담의 메트로metro는 교외지역을 운행하는 철도로서 트램과 마찬가지로 GVB에서 운영하고 있다. 일반적으로 메트로는 지하철을 뜻하지만 암스테르담에서는 지하를 달리는 구간이 몇 구간 되지 않아 지상을 달리는 구간에서 고속 트램이라고도 불린다.

1977년에 처음 개통되었으며 현재 총 65km에 4개 노선이 운행되고 있다. 중앙역Centr. Station을 기점으로 하는 3개 노선은 암스텔 강을 따라 지하로, 그리고 암스텔 역에서 고가선이 되어 교외로 운행되고 있다. 각 노선의 90% 이상은 지상으로 운행되고 있는데, 실제 암스테르담에서 메트로는 도심과 교외의 주택지를 연계하는 역할을 하고 있다. 차량의 집전방식은 지하에서는 제3궤조방식, 지상부에서는 가공전차선방식架空電車線으로 운행하고 있는데, 이렇게 두 가지 집전방식을 모두 대응하는 차량 구조는 어느 나라에서도 쉽게 볼 수 없는 트램 트레인Tram train직결운행 시스템이다.

현재 중앙역 남측 레이 역Station RAI에서 북측으로 박슬로터미어 광장Buikslotermeer plein까지 연결하는 North South Metro 52번의 노선이 연장되고 연계 대중교통 환승센터가 세워져 중앙역의 연계 교통여건이 크게 개선되었다.

암스테르담에서는 거리 곳곳의 조형물 하나에서도 예술의 감각을 느낄 수 있다

중앙역 광장을 거점으로 트램이 많이 운행되고, 현재 15개 노선에 이른다

스톡홀름

유럽의 녹색도시, 그린경제의 리더

스웨덴의 스톡홀름은 지난 2010년 유럽에서 처음으로 유럽녹색수도European Green Capital로 선정된 도시다. 그리고 친환경 생태도시의 모델로 유명한 하마비 허스타드를 비롯해, 철저한 도시계획으로 이루어진 도시공간, 대중교통에 의한 시가지 접근성을 향상시키는 지속가능한 교통전략 등 그린경제의 선도적인 도시로 환경 비즈니스에 대해 시사하는 바가 크다.

북유럽 스칸디나비아 반도의 가장 아름다운 도시

스웨덴 수도 스톡홀름Stockholm은 2014년 현재 인구 90만 명, 도시권 인구는 217만 명으로 북유럽을 대표하는 도시다. 발트해 연안에 멜라렌 호수 사이로 이어지는 곳에 위치해, 시내 중심부에는 스톡홀름제도 14개의 섬을 포함해 리다르프쟈르덴Riddarfjärden만을 끼고 있다. 시 면적의 30%가 운하이고, 공원이나 녹지대도 30%나 차지해 매우 아름다운 경관을 보여주는 도시 중의 하나이다.

스톡홀름의 상징인 노벨상 수상자들의 축하만찬과 콘서트가 열리는 장소인 시청사를 비롯해 세르겔 광장Sergels Torg을 거점으로 남북으로 매우 길게 펼쳐진 보행자전용도로를 따라 걸으며 시내를 돌아볼 수 있는 것도 매력적이다. 그리고 국회의사당을 거쳐 구시가지 감라스탄Gamla Stan에는 대성당과 왕궁, 대광장을 중심으로 한 노벨박물관 등 주변 건물군들과 좁은 골목길을 통해 중세 도시의 오랜 역사를 느낄 수 있다.

특히 외스테맘Östermalm 지구로 이어지는 녹지축 등 철저한 현대적인 도시계획으로 잘 가꾸어진 도시 공간과 여러 섬들은 해질녘 노을진 해안과 어우러져 매우 아름다운 도시 전경을 보여주고 있다.

세르겔 광장을 거점으로 국회의사당을 거쳐 옛 시가지로 길게 펼쳐진 보행자전용도로

그린경제 성장의 선도적인 도시

스톡홀름은 이미 오래전 1972년 6월 열린 '유엔인간환경회의'에서 환경문제 대처를 처음 선언한 곳이기도 하며, 그린경제 성장의 선도적인 도시로 잘 알려져 있다. 그린경제란 유엔환경계획UNEP의 정의에 의하면 경제 성장을 실현하면서 탄소배출량이 적은 천연자원을 활용하는 등 자연자원과 자연환경의 혜택을 더불어 누리는 것이다.

스웨덴은 1인당 GDP가 15위로, 스톡홀름은 세계적으로 높은 수준의 경제 성장과 생산력을 보유하고 있다. 특히 화석연료에서 재생가능 에너지로 전환해 도시환경을 크게 향상시키는 등 환경정책적 노력을 인정받아 2010년 EU에서 처음으로 유럽의 그린수도European Green Capital로 선정된 바 있다. 또한 독일 지멘스사의 유럽 그린시티European Green City Index에 코펜하겐에 이어 2위에 랭크돼 있다(http://www.siemens.com/entry/cc/en/greencityindex.htm).

스톡홀름이 그린경제의 선도도시로 나아가게 된 것은 2004년 환경대책을 내세운 올림픽 유치가 큰 계기가 됐다. 올림픽 유치에는 실패했지만, 이로 인해 혁신적인 도시 정비가 많이 이루어졌기 때문이다. 이후에도 그린 전략을 계속 공약해 2050년까지 화석연료를 재생가능 에너지로 100% 전환하는 것을 목표로 하고 있다. 이는 탄소세를 도입하고, 환경대책 투자에 보조금을 교부한다는 국가의 제로탄

구시가지 감라스탄 대성당 주변

유르고르덴 섬을 연결하는 트램, 2010년 중앙역 앞까지 연장됐다

소전략Zero Carbon Policy에 따른 것이다(Stockholm: Green Economy Leader, 2013).

스톡홀름 비전 2030, 지속가능 도시의 형성

현재 스톡홀름은 탄소제로도시를 목표로 하고 있지만, 그동안의 도시계획은 시대별로 다른 패러다임에 의해 발전해 왔다. 1990년대에는 교외 전원도시 개발을 시작으로 이후 친환경 생태도시Eco City 개발이 이어졌다. 이를 통해 형성된 도시공간은 실제 도시계획 이론과 개념이 잘 적용된 우수사례로 평가받고 있다. 2000년대 도시계획은 도시 확장보다는 오히려 원래 공업지역의 재생, 콤팩트 도시를 지향하고 있다.

그 가운데 하마비 허스타드Hammarby Sjostad 지역이 지속가능 도시의 실험, 친환경 생태 주택지 개발의 성공적인 모델로 평가받고 있다. 이곳은 기존에는 해안 공장지대였으나 시에서는 1992년부터 만성적인 주택 부족을 해소하고 올림픽 선수촌 후보지로서 사업을 추진하게 됐고 2016년까지 계획인구 2만 5000명을 목표로 하고 있다.

하마비 모델이 주목받게 된 것은 에코시티를 위해 환경적인 문제를 최우선하는 친환경적 자연순환 개발이기 때문이다. 교통계획의 경우 전체 80%가 대중교통, 자전거, 도보 통행을 목표로 함으로써, 지

중앙역 앞 세르겔 광장에서부터 구시가지인 감라스텐으로 쇼핑몰이 이어진다

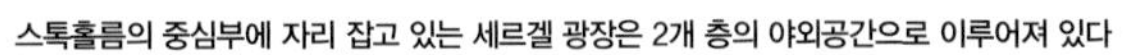
스톡홀름의 중심부에 자리 잡고 있는 세르겔 광장은 2개 층의 야외공간으로 이루어져 있다

스톡홀름 철도 중앙역(Central station)은 북유럽 국제열차, 공항철도, 지하철의 모든 노선이 통과하는 중앙역(T-Centralen)과 연계된다

Välkommen
tillbaka till vår
station.

역 중심축에 트램 노선을 건설했고, 호수를 횡단하는 배는 무료로 운행하고, 승용차 이용을 줄이기 위한 카셰어링이나 자전거와 보행자 중심의 네트워크 등 지속가능 교통의 요소를 모두 갖추고 있다.

혼잡통행료 성공적인 도입, 대중교통중심개발

자동차 통행량을 줄이기 위한 교통수요관리 방안으로 혼잡통행료congestion pricing를 시행하는 도시들이 있다. 1975년 처음 싱가포르에서 시행되고, 이어 런던, 밀라노 등에 도입됐다. 스톡홀름은 2006년 7개월 동안 시범운영 후 시민투표를 거쳐 2007년 8월에 본격 시행했다. 스톡홀롬 시가 섬으로 구성돼 있는 점을 이용해 요금부과 설치 지점은 주로 교량 부근으로 18개소가 설치됐으며, 시간대는 평일 오전 6시 30분부터 오후 6시 29분까지, 시간대별로 1.19~3.77유로를 징수하고 있다. 교통혼잡 부과금으로 교통량이 시행전 2005년 대비 22.1% 감소했고, 온실가스는 구시가지의 경우 40%가 감소하는 등 긍정적인 효과를 낸 것으로 보고되고 있다.

노벨상 수상자들의 축하만찬이 열리는, 세계에서 가장 아름다운 스톡홀름 시청사 건물

스톡홀름은 기본적으로 대중교통중심개발TOD로 도시계획이 이루어져 전체적으로 대중교통 네트워크가 잘 갖추어져 있어서 유럽에서 가장 높은 대중교통 분담률을 자랑하고 있다. 지하철은 3개 노선 모두 스톡홀름 중앙역에서 연결되고 계통별로 몇 개의 지선으로 다시 나뉘어, 전체 노선연장은 108km이고, 총 100개 역에 이른다.

트램은 1967년 9월 우측통행 전환과 대체 버스노선 조정에 따라 2개 교외선을 제외하고 모두 폐지됐지만, 1991년 관광용으로 7N 노선이 부활했고 2000년 이후 2개 노선을 추가해 현재 5개 노선이 운행되고 있다. 유르고르덴 섬을 연결하는 Line7은 최근 2010년 8월 세르겔 광장 근처까지 연장해 이용객이 많다.

세계 최대의 바이오 가스 충전 네트워크를 갖추고 있는 도시답게 스톡홀름의 버스 또한 시내에는 최신 환경기준에 따라 모두 에탄올 가스와 바이오 연료 차량이 운행되고 있다. 차량은 모두 저상형 차량으로 교통약자 탑승이 용이하게 출입문이 넓고, 하계에는 자전거도 탑승할 수 있어서 아주 매력적인 대중교통 서비스를 제공하고 있다.

자전거를 위한 도로 정비, 보행자를 위한 'The Walkable City'

2006년 스톡홀름 자전거 플랜에 따라 자전거가 출퇴근 교통수단으로 인정되면서, 시는 자전거와 차가 공존하면서도 안전하고 쾌적한 주행이 가능하도록 하기 위해 자전거 인프라를 많이 정비했다. 직주근접형 도시로서 10km 이내 거리는 자전거가 정말 유효한 교통수단으로 활용되고 있다는 것을 실감할 수 있다.

겨울에는 눈과 얼음이 거리를 덮어서 스노타이어로 바꿔야하는 불편과 바다 바람 때문에 자전거 인구가 줄지만, 여름에는 관광객이 넘치면서 거리 곳곳에서 시티바이크를 이용하는 것을 많이 볼 수 있었다. 3월 말부터 11월까지 매일 15만 명이 자전거를 이용하고 지난 10년간 80%나 늘었다고 한다.

자전거와 같은 무동력 교통수단의 활성화 외에도 주목할 만한 점이 있는데, 2010년 도시계획 슬로건인 '걷기 좋은 도시The Walkable City'이다. 이처럼 대중교통 이용을 통해 시가지의 접근 편리성을 높이고 자전거와 보행자를 위한 지속가능 교통정책 등을 보면 역시 스톡홀름은 그린경제의 선도적인 도시답다.

헬싱키

숲과 호수의 나라, 자연과 더불어 사는 헬싱키

숲과 호수의 나라, 산타의 나라, 사우나를 사랑하는 핀란드는 세계경제포럼의 국가경쟁력 평가에서 2012, 2013년 2년 연속 3위를 기록하고 있다. 특히 공공기관과 보건 및 교육 시스템 분야에서는 항상 최상위권을 유지하면서 수많은 국가의 벤치마킹 모델이 되기도 한다. 세계 최고의 경쟁력을 갖춘 핀란드의 디자인 쇼윈도, 헬싱키의 에스플라나디 공원과 디자인 거리, Art & Design City에 IT를 융합시킨 아라비안란타 프로젝트를 살펴본다.

Helsinki

시민 모두가 자연과 더불어 사는, 살고 싶은 도시 헬싱키

숲과 호수의 나라 핀란드는 국토의 약 75%가 숲이고, 15% 정도가 농경지와 거주지로 이루어졌다. 전 국토의 약 9%를 호수가 차지하는 만큼 2만m^2가 넘는 호수가 18만여 개가 넘는다.

남부의 발트 해 연안에 복잡한 해안선과 몇십 개의 섬으로 이루어진 헬싱키는 핀란드의 정치 · 교육 · 금융 · 문화 등 여러 분야의 중심 도시로 스웨덴 스톡홀름의 동쪽 400km, 러시아 상트페테르부르크의 서쪽 300km에 위치하여 이들 도시와 역사적으로 밀접한 관계가 있다.

모든 시민이 자연과 더불어 살고 있다는 것을 맨 먼저 실감할 수 있는 곳은 도심 한가운데 자리한 에스플라나디Esplanadi 공원이다. 공원 내 잔디밭에서 피크닉과 휴식을 즐기고, 카페, 레스토랑에서 차를 마시기도 하며, 야외공연을 보면서 진정한 여유를 찾는 헬싱키인들을 볼 수 있다. 또한 섬 전체가 푸른 숲의 자연공원인 세우라사리Seurasaari 섬과 핀란드의 세계적인 작곡가의 이름을 딴 시벨리우스Sibelius 공원의 작은 호수와 많은 나무는 자연과 조화를 잘 이루고 있다.

핀란드의 세계적인 작곡가 시벨리우스 기념공원의 시벨리우스상과 파이프오르간 조형물, 공원 주변 숲이 울창하다

국가경쟁력 1위, 복지 및 교육 시스템 분야

세계경제포럼WEF이 발표하는 국가경쟁력 순위에서 항상 1위를 굳건히 지키고 있는 핀란드의 교육 시스템은 수많은 국가의 벤치마킹 모델이 되기도 한다. 국내 EBS 세계의 교육현장 프로그램에서도 핀란드의 유치원 교육, 예술 교육, 직업 교육 등이 소개된 바 있다.

전 세계 최고 수준의 복지국가답게 아이들이 태어나면 부모의 소득과 관계없이 보육에서부터 대학 교육까지 무상 공교육을 실시한다. 특히 유치원 교육에서부터 높은 집중력과 혁신적이고 창의적인 사고를 강조하고 있다. 그리고 다양한 경험 교육을 통해 무엇을 해야 할지를 배우고, 미래의 가능성을 풍부하게 해주는 예술 교육을 통해 인생의 풍요로운 삶과 인간을 행복하게 하는 것을 목표로 정할 수 있게 하고 있다.

핀란드인이 사랑하는 사우나 문화

옛날부터 핀란드에서는 강한 육체노동에 의한 피로 회복에 사우나를 사용해 왔다. 이러한 습관은 전통으로

시내 중심가엔 알렉산테린 거리를 중심으로 보행자전용도로가 운영되고 있다

에스플라나디 공원에서 휴식을 즐기고 있는 시민들, 야외공연이 자주 열린다

도심 트랜짓 몰, 트램의 연장은 96km로 현재 13개 노선이 운행 중에 있다

이어져, 현재는 거의 모든 가옥에 개별 사우나가 갖춰져 있고 맨션이나 아파트 등 공동주택에도 설치되어 사우나의 수만도 350만 개에 이른다.

사우나 미팅을 할 정도로 핀란드 사람들의 일상에서 필수가 되어버린, 가장 사랑하는 대표적인 문화가 바로 사우나 문화일 것이다. 이렇게 일상적으로 사우나를 즐기면서 자연과 살아가는 삶이 조금은 부럽다.

오래전 헬싱키의 공중사우나에서 자작나무 잎으로 몸을 두들겨 주면서 나뭇잎 특유의 향을 느끼고 사우나를 즐겼던 기분 좋은 추억이 있다. 그러나 아직 호숫가의 통나무집에서 사우나를 하고 호수의 물속으로 뛰어들어 가는 체험은 하지 못해 언젠가 핀란드를 다시 가게 되면 가장 핀란드인 같은 그런 기분을 꼭 느껴보고 싶다.

인간과 환경을 생각한 도시 디자인, Art & Design City

2012년부터 2년간 세계디자인도시로 선정된 헬싱키에서 핀란드의 디자인을 보기 원한다면 먼저 에스플라나디 거리 근처에 있는 디자인 지구Design District Helsinki를 찾아가면 된다.

이곳에는 디자인, 인테리어, 골동품, 패션, 액세서리 숍, 화랑, 박물관, 레스토랑을 비롯한 가게 200여 개가 밀집해 있다. 170여 개의 상점을 선정해 'Design District Helsinki' 디자인 지구 공식 스티커를 상점 앞에 붙이도록 했다. 가맹점 중 몇 곳만 둘러보아도 현재 세계 디자인 트렌드를 이끄는 핀란드 디자인의 힘을 느낄 수 있다. 디자인 지구 안에는 상점 이외에 건축 박물관, 디자인 박물관, 지역매장들의 제품을 한 곳에 전시한 쇼룸인 디자인 포럼도 있다.

핀란드 사우나와 같이 건축 디자인도 자연 채광을 활용한 구조로 유명하다. 세계적 건축가 알바 알토의 작품으로 아카데미아 서점Academia Bookshop과 로바니에미Rovaniemi 시립 도서관은 높은 천장을 통해 들어오는 밝은 빛을 최대한 살리는 독특한 구조로 만들어졌다.

친환경 교통수단 트램과 자전거 네트워크

헬싱키 중앙역을 중심으로 형성된 시가지는 시내의 65%가 시유지로서 공공용지율이 높아 관 주도의 강력한 도시계획 및 토지 이용이 이뤄진다. 유럽의 타 도시와 달리 보행자전용공간은 적지만, 중심가로인 알렉산테린Aleksanterinkatu 거리를 중심으로 보행자전용도로Pedestrian Mall가 운영되고 있다.

헬싱키 시내는 도보로 충분히 돌아다닐 수 있는 거리지만, 대중교통 시스템도 잘 갖추어져 있다. 특히 트램이 현재 9개 노선에 13계통이 운행되고 있어 시내에서 교외 주요 지점까지 이동이 매우 쉽다.

북유럽의 다른 도시와 마찬가지로 헬싱키도 관광객이 증가해 750km에 이르는 자전거 네트워크를 구축하는 등 친환경적인 교통체계를 갖추고자 노력하고 있다. 또한 헬싱키에 맞는 새로운 디자인 프로그램에 따라 그린바이크, 에코바이크 등 바이크 대여 시스템도 운영하고 있다.

아라비안란타 해변가에 접한 주거지

헬싱키의 랜드마크인 원로원 광장의 가장 높은 곳에 위치한 대성당

아라비안란타 재개발 프로젝트의 성공 사례

아라비안란타Arabianranta는 헬싱키 최초의 공장이 들어섰던 곳으로 헬싱키 시내 중심가에서 북서쪽으로 약 6km 떨어진 해안가에 위치한다. 20세기 중반 이후 이곳의 핵심 사업이었던 도자기 산업의 내림세와 함께 활기를 잃어가는 듯했지만 단순한 수변 공장지역(총면적 85만㎡)을 2010년까지 1만 명의 거주자, 8000명의 고용인, 6000명의 학생을 수용하는 공간으로 만드는 재개발 프로젝트가 1990년부터 진행되었다.

아라비안란타는 헬싱키의 부족한 주택문제를 해결하는 신흥 주거지로 조성되면서, 도시의 경쟁력을 높이기 위해 Art & Design City에 IT를 융합시킨 새로운 도시개발 성공 사례로 세계적인 벤치마킹 대상이 되고 있다.

아라비안란타에는 IT, 멀티미디어, 음악, 사진, 디자인 관련 5개의 대학이 리모델링한 기존 건물이나 신축 건물에 자리하고 있다. 디자인과 교육이 연계되는 도시를 개발하기 위해 헬싱키 미술대Univ. of Art & Design Helsinki 주변에는 아라비안란타 예술지구를 만들어 주거환경 속에서 예술이 어떻게 접목되는지 보여주고 있다. 또한 지역 전체에 광 네트워크를 설치하여 인트라넷을 이용한 주민첨단 IT 기술이 접목된 헬싱키 버추얼 빌리지Helsinki Virtual Village를 운영하고 있다(www.arabianranta.fi/en/info).

아름다운 자연환경을 배경으로 핀란드 만 항구에서 바라본 마켓광장, 뒤로 헬싱키 대성당이 보인다

WICKED

카를스루에

궁전을 중심으로 한 방사형 도로망, 녹지 중심의 계획도시

독일 카를스루에는 중앙에 위치한 궁전을 중심으로 방사환상형 대로로 연결된 전형적인 계획도시로, 거리 어디에서든 성의 탑을 볼 수 있고, 이를 둘러싸고 있는 오픈스페이스는 도시계획사 측면에서도 좋은 벤치마킹이 되고 있다. 또한 철도와 트램의 상호직결운행 시스템은 카를스루에 모델로 유명하다. 건립 300주년을 맞이하면서 매력 있는 그린시티로 거듭나기 위해 녹지정비계획과 대중교통 중심의 도시를 위한 마스터플랜 'City 2015'가 성공적으로 추진되고 있다.

Karlsruhe

독일 남서쪽 친환경 녹색도시, 카를스루에

카를스루에Karlsruhe는 프랑스와 독일의 경계에 인접한 도시로 독일 남서쪽, 라인 강의 동쪽에 위치하며 바덴뷔르템베르크Baden-Württemberg 주에 속해 있다. 인구는 2014년 30만 명, 면적 173.46km²로 독일연방헌법재판소, 연방대법원 등의 최고기관들이 이곳에 입지하여 법의 도시라고도 불리며, 독일 명문 카를스루에 대학을 중심으로 하는 하이테크산업 · 정보산업 등이 매우 발달되어 있는 공업도시이다.

도시의 이름 일부인 카를Karl은 카를 빌헬름Karl Wilhelm 후작의 이름에서 유래된 것으로 1715년 카를 후작이 이 지역을 새 수도로 정하고 도시를 건설하며 '카를의 휴양지Karl's rest'라는 뜻에서 도시 이름을 카를스루에로 지었다고 한다. 카를스루에에는 그 당시에 수립된 도시계획에 따라 성을 중심으로 부채꼴 모양의 32개 축이 형성된 전형적인 방사형 도시로, 도시 어디서라도 성의 탑을 볼 수 있다. 또한 800ha가 넘는 공원과 울창한 가로수와 함께 130여 년 이상의 역사를 지닌 트램, 상호직결운행의 카를스루에 모델 등이 세계적으로 잘 알려진 그린시티이기도 하다.

300년 전 계획된 방사형 도시, 카를스루에 도시계획의 배경

카를스루에 성과 시가지가 건설된 것은 지금부터 300년 전으로, 도시계획에 조예가 깊은 카를 공작이 숲속에 성을 중심으로 한 방사형 거리를 만들면서 시작되었다. 18세기 초 전형적인 바로크 형식의 도시로, 성을 중심으로 성벽에 둘러싸여 중앙광장에는 분수가 있고 양측에 교회와 시청이 입지하고 있다.

32개의 방사형 도로망은 태양광선처럼 뻗어 있고, 부채꼴 모양의 상징적인 남측 시가지의 도로망체계는 제2차 세계대전 이후에도 그대로 복구되었고, 1970년대 대규모 도시재개발 당시에도 그대로 유지되었다.

카를스루에 성이 거리를 대표하는 풍경이란 것은 이전부터 알고 있었지만, 실제 이곳에 와서 멀리 바라보이는 수많은 녹지대는 물론, 궁전과 정원을 중심으로 중앙광장에 있는 수 미터 높이의 피라미드와 일직선으로 이어지는 도시 이미지는 어디에서도 볼 수 없는 아름다운 풍경이었다.

중심가 카이저 거리에 접한 마르크트 광장(Marktplatz)에 있는 칼 빌헬름 황제의 높이 수 미터의 피라미드 묘

HOTEL

130년 이상의 역사를 지닌 트램, 그리고 트랜짓 몰

1877년 1월 트램이 최초로 개통된 이후, 카를스루에에서는 130여 년에 걸쳐 노선의 확충을 계속 진행해 현재 운행 노선이 8개에 이르고 있다. 일부 구간은 트램과 도시철도인 S-Bahn[Stadtbahn]이 상호직결 운행하고 있으며, 카를스루에 교통연맹[KVV]이 일괄적으로 대중교통공용티켓을 발행하여 환승의 편리성을 높이고 있다.

메인 스트리트인 카이저 대로[Kaiserstrasse]는 트램과 보행자의 트랜짓 몰로 조성되어 있어서 많은 사람이 모이는 활기가 넘치는 거리 풍경을 연출하지만, 방사형 도시의 특성상 트램 6개, S-Bahn 6개 등 총 12개 노선이 중앙광장[Marktplatz]으로 집중되어 혼잡 시 트램 정체를 유발한다.

이러한 문제를 어떻게 해결해야 할지 오랜 기간 동안 해결책을 모색하였고, 대규모 도시 종합 재개발 프로젝트 'City 2015'를 수립하여 2002년 9월 주민투표를 실시하는 등 적극적인 시민참여 프로세스를 거쳐 메인 스트리트의 정비를 추진하고 있다.

메인 스트리트 카이저 거리는 트랜짓 몰로 조성되어 활기 있는 거리 풍경을 연출하지만 트램 정체도 있다

카를스루에 중앙역 광장, 철도(DB)선로와 시가전차를 직결 운행하는 Tram-trains 시스템이 유명하다

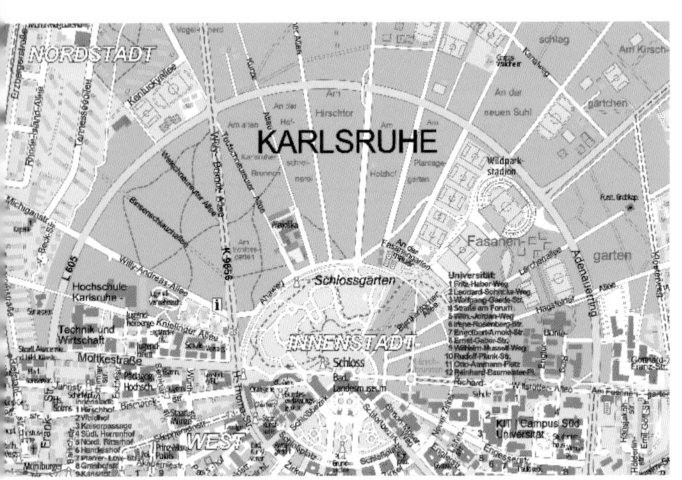

방사형 계획도시 카를스루에 지도

궁전 뒤 숲속으로 이어지는 드넓은 잔디광장의 자전거 길

철도와 트램의 상호직결운행, 카를스루에 모델

카를스루에 중앙역을 나서면 맨 먼저 광장의 정류장에서 트램과 S-Bahn, 14개의 버스 노선이 각 방향으로 쉴 새 없이 도착하고 출발하는 것을 볼 수 있어서, 역시 카를스루에 모델의 발상지임을 실감하게 된다. 카를스루에에는 ICE와 연결하여 프랑크푸르트, 슈투트가르트, 뮌헨과 접근이 쉬우며, 2007년 6월 이후 TGV와 연결됨으로써 파리까지 3시간 안에 갈 수 있어 지역교통 여건도 아주 좋다.

카를스루에 철도체계인 카를스루에 모델Stadtbahn Karlsruhe은 독일철도DB 선로 위에 시가전차를 운행하는 개념을 1992년 세계 처음으로 도입한 트램 트레인tram-trains 시스템이다. S-Bahn 차량은 독일철도(AC 14,000V)와 트램(DC 750V)의 양쪽 모두를 달릴 수 있도록 만들어져 교외에서 시가지까지 환승할 필요가 없는 편리한 교통수단이다.

현재 총 10개 노선이 Albtal RailwayAVG와 카를스루에 교통국VBK 그리고 독일철도에서 운행되고 있으며, 시스템별로는 중앙역을 경유하는 교외노선(S31, S32, S9), 시내와 교외 공유노선(S4, S41, S5, S6)과 시내전용노선(S1, S11) 등으로 구분된다.

실제 카를스루에 모델이 도입됨으로써 브레텐Bretten, 바덴바덴Baden-Baden 등 주변지역과의 접근성이 크게 향상되었고, 철도만 다니던 때와 비교해 수송객이 수 배 증가하였다고 한다. 국내에서도 철도노선 간 상호

직결운행으로 철도의 접근성과 환승 불편을 개선하기 위해 이러한 시스템의 도입을 연구 중에 있다.

Masterplan City 2015

건립 300주년을 앞두고 있는 카를스루에 시에서 작성한 'Masterplan City 2015'는 메인 스트리트를 중심으로 일부 구간을 지하화하고 인접한 크리크 대로에도 노선을 신설하여 트램 통행량을 분산하는 것이다. 이 프로젝트의 주요 내용은 트랜짓 몰의 정비와 메인 스트리트의 활성화, 도시 자전거망 정비, 도시 광장과 녹지 공간의 정비, 성을 중심으로 방사형 도로에 태양의 빛 이미지를 표현하는 계획 등이 포함되어 있다.

특히 카를스루에는 2015년까지 독일 남부에서 일등 자전거도시가 되는 것을 목표로 하고 있다. 이를 위해 시와 독일 자전거 단체 ADFC The German Cyclists' Federation 등이 중심이 되어 120만 유로의 예산으로 시내에 20개의 새로운 자전거도로망을 정비하고 있다. 머지않아 300주년을 맞이하는 카를스루에의 한층 더 매력 있어진 그린시티를 기대해 본다(www.adfc.de).

카를스루에 궁전공원은 방사형 도로망으로 이어진다

프라이부르크

세계적인 친환경 도시, 독일의 환경수도

세계 에너지 · 환경전문가로부터 태양의 도시, 그린시티로 잘 알려진 프라이부르크는 유럽의 도시환경보호 캠페인에서 다수의 상을 수상을 하고, 독일환경지원협회의 지자체 콩쿠르 '자연 · 환경보호의 연방수도'에서 최고점을 획득해 1992년 독일 환경수도로 선정되었다. 폐기물 문제, 자연 에너지, 교육, 교통 등 다방면에서 선진적 환경정책을 펼친 프라이부르크가 환경수도로 발전하게 된 역사적 배경과 함께 지속가능한 교통정책을 살펴본다.

Freiburg

세계적인 환경도시로 발전하게 된 역사적 배경

프라이부르크는 독일의 남서부 바덴뷔르템베르크Baden-Württemberg 주 숲과 산악지역으로 둘러싸인, 검은 숲Black Forest, Schwarzwald의 산기슭과 라인 강가에 위치한, 2014년 인구 22만 명의 작은 도시다. 1120년부터 중세의 상업도시로서 발달해 왔으며, 1457년 독일에서 유명한 프라이부르크 대학이 창립된 것을 계기로 시가지가 발전하게 되었다.

1971년 독일 정부는 프라이부르크로부터 약 30km 떨어진 곳에 원자력 발전소를 건설할 계획을 발표하였으나, 주변 와인 농가의 강력한 반대 시위로 1975년에 발표를 철회했다. 이러한 반대운동으로 인하여 대체 에너지의 필요성을 인식하고 있던 차에 마침 1986년 우크라이나(당시 구소련)의 체르노빌 폭발 사고가 발생하자마자 같은 해 환경보호국을 설립, 에너지 절약이나 쓰레기 대책 등 종합적인 환경대책을 어느 도시보다 선도적으로 추진하였다. 그리고 대기 오염뿐만 아니라 산성비에 의한 검은 숲의 수목 고사 등을 방지하기 위해 친환경적인 트램을 중심으로 교통망도 구축하였다.

이처럼 환경문제 전반의 의식이 높아지게 된 프라이부르크 시는 1992년에는 독일환경지원협회Deutsche Umwelthilfe e.V.가 개최한 환경도시 콘테스트에서 우승하고 '자연과 환경의 보전에 공헌한 연방도시'라는 칭호를 받아 독일의 환경수도로 불리게 되었다.

구시가지 높은 곳에서 낮은 곳으로 모든 골목까지 자연스럽게 물이 흐르도록 설계된 수로 시설

각 가게 앞에는 상징하는 문양이나 오픈 연도 등을 바닥에 표시해 놓고 있다

녹색 에너지 혁명의 메카, 프라이부르크의 환경보전정책

프라이부르크 시의회는 기후변화에 대처하기 위해 환경문제에 관련된 다수의 활동을 하는 NGO와 시 당국, 주민, 기업 등이 일체가 되어 온실가스를 25% 감축(1992년 기준)한다는 목표를 제시하는 등 환경보전대책을 세웠다.

유럽에서 가장 중요한 국제태양에너지전시회Inter Solar를 매년 프라이부르크에서 개최할 만큼 태양에너지 확대를 시정의 우선 목표로 삼고 있다. 바데노바Badenova 축구 경기장은 세계 최초 에너지 자립형 스타디움으로 유명하고, 회전형 태양광 주택인 헬리오트롭Heliotrop과 신주택 단지인 보봉Vauban 지구의 태양광 발전 시스템 등은 국내 언론에서도 자주 소개된 바 있다.

세계 최고의 신재생 에너지 연구소인 프라우엔 호퍼Frauen Hoffer Institute for Solar Energy 연구소의 이전과 국제태양에너지협회ISES 유치 등 더 나은 태양광 발전을 위해 환경 관련 연구기관과 기업 등을 유치하기 위해 주력하고 있다.

프라이부르크는 독일 태양광 발전의 중요한 개발 · 생산의 거점이 되었고, 태양광 발전은 프라이부르크에 새로운 고용을 창출하며 경제면에서 매우 큰 플러스 효과를 나타내고 있다.

프라이부르크에서는 일찍이 구시가지의 차량 진입을 통제하여 보행자 중심의 교통정온화 기법을 도입하고 있다

세계 에너지 · 환경전문가가 즐겨 찾는 프라이부르크

프라이부르크는 태양의 도시, 독일의 환경수도로 널리 알려지면서 세계 각국으로부터 방문이 잇따르고 있다. 즉 환경정책도 하나의 관광자원 역할을 하고 있는 것이다. 시청이나 NGO 등 프라이부르크의 각 기관에 벤치마킹하러 오는 시찰단이 증가하면서 현재 시찰이나 히어링은 유료로 운영되고 있을 정도다.

또한 환경 관련 기술자와 전문가, 연구기관, 기업 등이 프라이부르크에 몰려들면서 연구소와 직업학교의 학습 시스템이 갖춰지기 시작했고, 대학 활성화를 통한 재생에너지 관련 교육과 인재 양성을 위한 다양한 프로그램을 개발하며 관광산업으로 연계할 수 있도록 홍보도 하고 있다.

중앙역에 내리면 커다란 유리창으로 둘러싸인 건물의 벽면과 천장의 채광창이 역사를 환하게 비추며 맞이한다. 건물 외장재로 태양광 모듈을 부착한 인접 솔라타워, 역 앞 광장의 오존량과 이산화질소NO_2, 이산화황SO_2, 일산화탄소CO 및 미세먼지Feinstaub를 나타내는 안내 키오스크를 보고 있노라면 프라이부르크가 독일의 환경수도라는 것을 느낄 수 있다.

중앙역에서 곧바로 이어지는 도심부 약 0.5km^2 지역은 차량 통행이 제한된 보행자전용공간과 트램

중앙역 앞을 나서면 환경수도답게 맨 먼저 보이는 것이 환경상황판으로 오존량과 NO_2 SO_2, CO, 미세먼지가 표시되어 있다

구시가지의 중심 카이저요제프 거리에서 트램 3개 노선과 버스 등이 운행하여 환승이 용이하다

트램 노선은 1m 협궤이기 때문에 좁은 도로에도 양방통행이 가능하다

중심의 트랜짓 몰Transit mall로 조성되어 있다. 바닥은 다양한 크기의 돌로 포장되어 있고, 가게마다 입구는 독특한 디자인으로 돌을 짜 맞춰 보행자들에게 색다른 즐거움을 제공하고 있다. 특히 도심 내에 높은 곳에서 낮은 곳으로 자연스럽게 물이 흐르도록 설계된 순환수로와 바람의 통로 등 친환경적인 도시설계는 세계 어느 도시에서도 볼 수 없는 이색적인 풍경이다.

다섯 가지의 주요 지속가능한 교통정책

프라이부르크는 앞에서 말한 바와 같이 검은 숲의 삼림 피해와 중심 시가지의 도로 혼잡이 심각한 문제로 표면화되었기 때문에, 1969년 제1차 종합교통계획 GVPGeneral verkehrs plan를 수립하고 단거리 대중교통을 확충하게 되었다. 다음 해에는 자전거도로 네트워크 계획이, 1972년에는 트램 노선의 유지 · 확장 등 보행자 중심의 트랜짓 몰이 도입되었다.

1984년에는 이산화탄소를 줄이기 위한 대표적 아이디어로 독일에서 처음으로 시내의 노면전차와 버스의 전 노선을 이용할 수 있는 교통카드 레기오카르테Regio Karte를 도입하게 되었다. 이후 사용 범위를 확대하여 3개 자치단체 17개의 교통회사가 운행하는 90개 노선, 연장 약 3000km의 교통수단을 자유롭

중세시대 프라이부르크 구시가지에는 2개의 성문이 있었는데, 그 가운데 마르틴스토어가 13세기에 세워진 가장 오래된 성문이다

게 이용할 수 있는 매우 유익한 지역 요금제로서 대중교통 이용률을 크게 높이는 효과를 거두고 있다. 그 외 지속가능한 교통 가운데 주요 다섯 가지 정책을 살펴보면 다음과 같다.

• 트램 중심의 근거리 대중교통 시스템 확충

프라이부르크에서는 1970년대부터 근거리 대중교통[OPNV]의 확충과 서비스의 질을 높이기 위해 저상형 차량을 적극적으로 도입하고 전용궤도에 자동차 진입을 막아 LRT 우선 신호로 속도 향상을 도모하였다. 그리고 교외 역에 P&R 주차장을 설치해 불필요하게 자동차가 도심부에 진입하는 것을 억제함과 동시에 버스와 연계한 단말 공급 시스템이 잘 갖춰지게 되었다.

현재 프라이부르크 교통주식회사[VAG]는 5개 트램 노선과 22개 버스노선이 연간 6700만 명을 수송하고 있다[(www.freiburg.de)].

프라이부르크는 중세풍의 아름다운 구시가지를 비롯해 독일의 환경수도로 널리 알려지면서 세계의 많은 에너지 환경전문가들이 찾는 벤치마킹 필수코스다

• 자전거 이용의 촉진

1970년 자전거도로 계획이 수립된 이후, 이를 지속적으로 정비하여 현재 약 410km의 자전거 네트워크가 정비되어 있다. 이전에는 차량이 통행했던 중앙역 근처 다리가 현재는 자전거·보행자 전용으로 바뀐 것처럼 여러 곳에서 자전거를 중시한 시책이 전개되고 있다. 또한 중앙역 인근에 대규모 주륜장을 확보하고, 자전거 대여, 자전거 수리, 자전거 투어 계획을 위한 오피스 및 카페 등 자전거 이용자를 위한 여러 가지 기능을 갖춘 모빌리티센터가 설치 운영되고 있다.

• 교통정온화 정책

시내 간선도로의 제한속도는 50km/h지만, 시가지 일대에 광범위하게 걸친 주택지구 내의 속도는 30km/h로 제한하는 '존30Tempo 30 Zonen'이 설정되어 있다. 그 외에도 교통정온화 구역Verkehrsberuhigter Bereich으로 지정된 곳에서는 시속 10km 이하로 주행해야 한다. 이러한 시책을 통해 자동차 교통을 억제함과 동시에 주택지에 불필요한 차량통과를 배제하고 주민의 안전과 양질의 주거환경 확보에 노력하고 있다.

• 도심부 자동차 교통의 진입 제한

앞에서 언급한 바와 같이 프라이부르크는 1973년 구시가지 도심부에 차량 진입을 통제하며 보행자와 대중교통LRT 중심의 트랜짓 몰을 형성하고 있다. 다만 화물차량 등에 대해서는 진입 가능한 시간대를 설정하는 등 충분한 배려를 하고 있다. 시가지 중심의 대성당 앞에서는 새벽시장이 열리고 보행자가 자동차의 배기가스나 소음 없이 한가롭게 쇼핑을 즐길 수 있을 뿐만 아니라 곳곳에 수로가 흐르고 있어 윤택한 도시공간을 창출하고 있다.

• 주차장 정책

자동차 교통을 억제하기 위해 구시가지를 포함한 시내 중심부 Zone 1의 주차요금을 주변보다 비싸게 받는 존별 주차요금 체계를 설정하였다. 구시가지의 트랜짓 몰 바깥 측에 지하 주차장을 확보하고 트랜짓 몰 안에서는 도보나 LRT로 이동하게 하고 있다.

브뤼셀

유럽연합 본부가 위치한 유럽의 중심, 창조도시

벨기에 한가운데 위치한 브뤼셀은, 중심광장인 그랑 플라스에서부터
역사적 건축물 대부분이 그대로 살아 있는 거리를 걷다 보면, 이곳이 얼마나 역사와 문화를
소중히 지켜 왔는지, 그리고 17세기 빅토르 위고가 왜 가장 아름다운 도시라고 했는지 느낌이 전해진다.
규모로는 유럽에서 결코 크지 않지만, 유럽연합, 북대서양조약기구 본부 등 국제기관이
모여 있는 정치적 수도이기도 하다. 이러한 브뤼셀은 유럽지구를 중심으로 세계
창조도시로서 끊임없이 성장해가고 있다.

Brussels

중세 역사와 문화를 간직한 유럽연합의 수도, 브뤼셀

벨기에 중심에 위치해 정치, 경제, 문화, 교통의 중심지인 브뤼셀Brussels은 유럽연합EU 본부가 위치한 유럽의 수도이기도 하다. 브뤼셀의 면적은 161.4km^{2}이고, 2013년 현재 인구 114만 명, 대도시권 인구는 183만 명이다. 2014년 미국 싱크탱크Think Tank가 발표한 세계 도시 순위는 11위로 정치적 평가가 높다.

특히 브뤼셀 시내 동측 로이Loi 거리를 중심으로 86만5000m^2 면적에 61개의 건물로 이뤄진 EU지구Quartier Europeen가 형성돼 있다. 이곳에는 EU 집행위원회를 비롯해 이사회, 유럽경제사회위원회, 그리고 북대서양조약기구NATO 본부 등이 있으며, 이에 따른 인구 유입과 경제적 유발 효과가 대단하다.

브뤼셀에서 가장 중심이 되는 그랑 플라스 주변에는 중세의 역사와 문화를 간직한 건축물들이 즐비하고, 유럽 최초의 쇼핑가 성 유베흐 갤러리, 부세 거리 레스토랑가 등이 있다. 도시의 규모는 크지 않지만 시가지에는 하루 종일 관광객이 북적이며, 막쉐 아고라 광장을 비롯해 거리 곳곳에서 예술가들의 연주와 공연이 펼쳐져 활기가 넘친다.

왕립 현대미술관, 왕궁 및 성 미셸 대성당이 있고, 브뤼셀 공원을 따라 걸어서 몽 데 아트 언덕 위에 올라 브뤼셀 시내를 바라다보면 평화로운 문화예술도시임을 느끼게 된다.

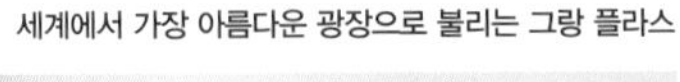
세계에서 가장 아름다운 광장으로 불리는 그랑 플라스

브뤼셀 시가지 규모는 크지 않기 때문에 하루 도보로 충분히 둘러볼 수 있다

그랑 플라스에서 가장 유명한 시청사, 그리고 현재 시립박물관인 왕의 집 등은 주위의 길드 하우스 건물들로 둘러싸여 있다

세계에서 가장 아름다운 광장, 그랑 플라스

브뤼셀에서 가장 중심이 되는 곳이 바로 그랑 플라스이다. 1998년 유네스코 세계유산에 등록된 이 광장은 시가지의 중심에 있기도 하지만 약 110m×70m의 직사각형 모양의 광장을 둘러싼 멋진 역사적 건물들이 아름다움을 연출하고 있으며, 세계적으로 유명한 그랑 플라스 플라워 카펫 축제를 비롯해 다양한 행사도 개최된다.

이곳에서 가장 유명한 건축물로는 15세기에 고딕 양식으로 지어진 96m 첨탑의 시청사와 그 맞은편에 현재는 시립박물관으로 쓰이고 있는 왕의 집 등이 있다. 이들 랜드마크는 길드 하우스라고 불리는 건물들에 의해 주위가 둘러싸여 있다.

이 광장은 건축양식적으로 보면 고딕과 바로크가 혼재돼 있고, 스타일면에서도 통일되지 않았다. 그럼에도 불구하고 세계에서 매우 조화롭고 멋진 광장으로 평가받는 이유는, 17세기 말경 광장 주변의 대부분의 목조 건물들이 시청사를 제외하고 거의 파괴됐지만, 이후 길드들에 의해 석조 건물로 파사드가 재건되고 현재까지 보수를 진행하면서, 시에서 디자인 관리를 철저히 했기 때문이다.

해질녘 건물의 조명들이 하나둘씩 켜져 반사되면서 밤의 광장이 금빛으로 환하게 변하고, 광장 바닥에 자유로이 눕거나 여럿이 앉아 있는 관광객들로 꽉 차있는 모습은 드넓은 그랑 플라스에서만 볼 수 있는 광경이었다.

유럽 주요 도시와 접근성 높은 교통망 요지, 브뤼셀의 대중교통우선정책

브뤼셀은 남역, 센트럴 그리고 북역 3개의 주요 철도역이 있으며, 그중에서도 브뤼셀 남역은 런던에서 영불해협터널을 경유해 유로스타Eurostar로 1시간 51분, 네덜란드 암스테르담과 파리까지 탈리스Thalys로 1시간 25분, 독일 프랑크푸르트까지 이체에ICE로 3시간 6분 등 유럽 주요 대도시와 고속철도망이 잘 갖추어져 EU 지구로 각국 대표들이 모이기에 접근성이 매우 좋다.

벨기에 왕립미술관, 루이알 광장을 지나는 트램(좌, 우)

그랑 플라스에서 가장 유명한 건축물, 96개 첨탑의 시청사

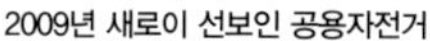
2009년 새로이 선보인 공용자전거

유럽 최초의 쇼핑가 성 유베흐 갤러리

한편 브뤼셀 시내 대중교통을 살펴보면, 지하철[Metro]은 동서 방향과 순환선 6개 노선 총 39.9km가 운행되고 있으며, 트램은 19개 노선, 총연장은 138.9km이다. 대부분 시내 지상을 운행하지만, 일부 지하트램 노선[Premetro]도 있으며, 2개 노선은 플라망 지역을 연결하고 있다. 버스는 현재 50개 노선이며 주말 심야버스 Noctis 등 최신 저상형 굴절버스 메르세데스-벤츠 시타로[Mercedes-Benz CITARO]가 운행되고 있어서 모던한 도시 이미지에 한몫하고 있다.

2013년 1일 수송인원 실적은 메트로 38만 명, 트램 35만 명, 버스 24만 명 총 97만 명 수준으로 대중교통 수단분담률이 높은 편이다. 이는 2010년부터 시내 주차난과 교통정체를 해소하기 위해 1999년 대비 자가용차 20% 감소를 목표로 브뤼셀시와 수도권교통공사[STIB]가 대중교통우선정책을 적극적으로 시행한 결과이기도 하다.

공용자전거 싸이클로시티가 새롭게 선보인 Villo

이미 오래전 2006년 도입된 브뤼셀 공용자전거 싸이클로시티[Cyclocity]는 프랑스의 대표 광고회사 제이씨데코[JCDecaux]와 계약이 이루어져 2009년 5월에 빌로[Villo]를 새롭게 선보였다. 자전거는 7단 기어로 앞에 바스켓이 달렸고 뒷바퀴에 노란색 커버가 부착돼 있다. 그리고 2단계 확장사업으로 360개 스테이션에

5000대의 자전거를 갖추게 됨으로써 규모가 큰 세계적인 자전거 대여 시스템으로 자리잡게 된다.

특히 1단계에 자동차 주차장 400면을 없애고 자전거 스테이션으로 교체하는 등 초기에는 시민들의 불만도 많았으나, 이제는 대중교통과의 높은 연계교통수단으로 자리잡으며, 대여는 주 평균 2만 5000대 정도로 이용객이 많이 늘어났다. 이용료는 30분까지 무료지만, 이후 30분 단위로 각각 0.5~2.0유로가 부가된다. 1일 이용권 외에도 1년 이용카드, Mobib 교통카드, 주일 티켓으로 무제한 이용할 수 있다(http://en.villo.be/index.php).

전기자동차(EV) 셰어링 'ZenCar'

최근 몇 년 사이 유럽 여러 도시에서 친환경 모빌리티 Green Mobility Solution의 일환으로 공용자전거나 대중교통 시스템과 연계하는 카 셰어링이 늘고 있다. 브뤼셀에서도 우연히 거리 곳곳에서 녹색과 흰색으로 예쁘

구시가지 막쉐 아고라 광장 등은 많은 예술가들의 연주와 공연이 매일 끊임없이 열린다

몽 데아트 언덕 위에서 바라본 정원과 구시가지 전경

게 디자인된 젠카ZenCar를 마주치게 됐고, 직접 웹사이트를 찾아보면서 지속가능한 발전을 제창하는 EU본부가 있는 도시답게 보급이 활발하다는 것을 실감할 수 있었다(www.zencar.eu).

벨기에는 당초 2002년부터 카 셰어링Cambio이 도입돼 여러 도시에 널리 알려지게 됐고, 마침내 2011년 브뤼셀에서 유럽 처음으로 전기자동차EV만으로 젠카ZenCar가 시작됐다. 젠카는 Economy & Ecology, 즉 경제적이면서도 지구환경보전에도 기여하는 것을 목표로 하고 있다. 2014년 현재 시내 26곳에 스테이션을 갖추고 시간당 6유로로 초소형 스마트 차종에서부터 업무용 승합차와 프리미엄 BMW까지 전기자동차 50대가 운영되고 있다. EU지구의 여러 기관 이용자 등 등록 사용자 수가 약 5000명에 이른다.

시영 버스나 트램, 공영 자전거 시스템과도 연동시켜 이용자가 젠카ZenCar의 주차장에 쉽게 접근할 수 있도록 홍보하고 있으며, 할인 등 요금 체계도 도입 당시보다 상당히 개선돼 이용객을 꾸준히 늘려가고 있다.

류블랴나

유럽의 작은 환경도시, CIVITAS 정책

유럽연합에서는 교통정책과 도시재생 분야에서 CIVITAS 자금지원 프로그램을 시행하고 있다. 지속가능한 녹색성장과 에너지 효율이 높은 도시교통 실현을 목적으로 하는 CIVITAS 프로그램의 정책 배경과 개념 · 시책 등을 살펴보고, ELAN 프로젝트(2008~2012년)의 참가도시 가운데 선도적인 역할을 했던 유럽의 작은 환경도시 슬로베니아 류블랴나의 사례를 소개하고자 한다.

아름다운 문화도시 류블랴나, 보행자전용구역으로 지정된 구시가지

슬로베니아는 유럽 중부 남쪽에 위치한 국토 전체의 절반 이상이 숲인 국가로서, 유럽 대륙에서 핀란드, 스웨덴에 이어 세 번째로 가장 많은 숲을 보유하고 있다. 예전에는 유고슬라비아의 일원이었으나 1992년에 독립했으며, 2004년 5월에 EU에 가입했다.

슬로베니아의 수도 류블랴나Ljubljana는 국토의 중앙에 위치하여 정치, 문화와 상공업의 중심이 되는 도시이다. 고대 로마의 한 도시였으나 6세기 후반 슬라브족의 슬로베니아인이 정착하여 에모나Emona라 불리던 이름을 류블랴나로 바꾸고 1144년에 류블랴나 성을 건설하였다.

류블랴나는 아름다운 문화도시답게 유명한 건물과 공공 광장 외에도 유럽에서 가장 오래된 필하모니 오케스트라를 비롯한 많은 극장과 박물관 및 미술관 등이 의회 주위에 밀집해 있다. 매년 여름 7월부터 9월까지 구도심과 성곽 언덕길, 강변을 따라 열광적인 페스티벌 등 다양한 문화 행사가 개최되고 있다.

류블랴니차 Ljubljanica 강을 건너는 다리 가운데 가장 통행량이 많은 트로모스토비예Tromostovje는 구시가지와 신시가지를 연결해 주는 세 개의 다리로 1842년에 처음 만들어진 이후 100년 뒤에 보행자를 위해 부채꼴 모양의 다리 2개를 새로이 덧붙여 만들었다. 이 다리 앞 프레셰르노브Prešernov 광장은 류블랴나의 시내 중심지로서 강이 꺾어지는 곳에 아름다운 건축물들과 오픈 카페들이 자리하고 있어 관광객이 항상 붐빈다.

전자보턴식 가동 볼라드(Bollard)를 설치해 차량 진입을 제한적으로 통제한다

구시가지 좁은 골목마다 보행자 전용도로에 노천카페가 펼쳐진다

류블랴니차 강변을 따라 중세 건축물들이 그대로 보존되고 있다

류블랴나 구시가지 중심 프레셰르노브 광장에는 문화도시답게 이벤트가 자주 열린다

특히 구시가지 5km² 일대에는 약 2만7000명이 거주하여 인구밀도가 960명/km² 으로 승용차의 교통 분담비율 또한 80:20으로 높다. 보행자전용구역Pedestrian Zone을 지정하여 물리적으로 차량 통행을 제한하고, 최고속도 30km/hZone 30 및 주차금지 규제 등 지구 교통 조절을 위해 교통정온화Traffic Calming 기법을 도입하고 있다.

유럽연합의 지속가능하고 에너지 효율적인 교통정책 CIVITAS

유럽위원회EC, European Commission의 에너지·교통총국은 2002년부터 교통정책과 도시재생 분야에 있어서 선도적인 역할을 하는 도시에 경쟁적 자금을 배분하는 CIVITASCity VITAlity Sustainability를 시행하고 있다. 이는 환경친화적이며 에너지 효율적으로 지속가능한 도시교통을 실현하기 위한 교통정책 프로그램으로서 EU 가맹국의 여러 도시가 CIVITAS에 참여하여 그 성과를 도시 상호 간 공유하고 확대 보급하는 데에 선도적인 역할을 하고 있다.

CIVITAS 프로젝트의 목적은 지속가능한 녹색성장과 에너지 효율적인 도시교통정책을 시행하는 것으로, 대체연료와 환경친화적이고 에너지 효율적인 차량, 대중교통 서비스와 각 교통수단 간 연계, 교통 서비스의 수요관리전략, 여행자의 정보 제공 효과, 모든 사람에게 안전한 이동성 보장, 혁신적인 교통 서비스, 물류교통, 교통에 있어 정보통신의 활용 등 에너지와 교통에 관한 기술과 정책을 8개 분야로 나누고 있다.

친환경 대체연료 바이오디젤

슬로베니아 류블랴나Ljubljana를 비롯해 CIVITAS II 프로젝트에 참여한 도시는 프랑스 툴루즈Toulouse, 헝가리 데브레첸Debrecen, 이탈리아 베네치아Venezia, 덴마크 오덴세Odense로 이들 5개 도시가 추구하는 목표는 지속가능한 발전의 틀에서 바이오디젤 버스, 친환경 자동차 및 대체연료 등의 정책 프로그램을 개발하고 혁신적인 전략을 집행하는 것이었다.

류블랴나는 지속가능한 지역 발전을 위해서 자전거 이용을 증대시키고, 친환경 에너지 공급을 위해 바이오디젤을 비롯하여 재생 가능하거나 변형된 대체연료의 공급 및 분배 구조 개발에 참여한 바 있다. 바이오디젤이란 디젤 가솔린에 식물을 원료로 한 식용유 등을 일정 비율 혼합한 것으로, 식물이 이산화탄소를 흡수하기 때문에 온실가스 저감에 효과가 있는 것으로 평가되고 있다.

실제 CIVITAS MOBILS의 선도도시인 프랑스 툴루즈의 경우, 2008년 2월 이후 전체 버스 130대 가운데 약 30%에 해당하는 차량이 바이오디젤을 사용하게 되는 성과를 거두었다. 그 외에도 2020년까지 EU 전체에서 소비하는 에너지의 20%까지 바이오 에너지를 포함한 재생 가능 에너지로 대체하고 수송용 연료의 최저 10%를 바이오 연료로 대체하도록 목표치를 설정하고 있어 바이오디젤의 사용량이 많이 늘어날 전망이다.

CIVITAS PLUS ELAN 프로젝트의 선도도시

류블랴나는 CIVITAS II 프로젝트에 참여했던 과거 실적과 경험을 토대로 ELAN 프로젝트의 선도도시가 되었는데, 주목적은 5개 도시의 교통문제를 해결하자는 것이 아니라 더욱더 지속가능한 이동Mobility을 지향하기 위해 더 환경친화적이고 에너지 효율적인 교통수단을 참가 도시에 보급하자는 것이다.

류블랴나가 ELAN 프로젝트에서 추진한 주요 내용은 다음과 같다.

- 류블랴나 대중교통 회사는 40대의 바이오디젤 버스를 도입했다.
- 기존 버스 1대 대비 3대의 하이브리드 버스를 구입했다.
- 주요 대중교통축Barjanska-Slovenska-Dunajska에 장래 신형 차량으로 트램을 도입하고, 주요 지점과 외곽지역 및 순환선 등으로의 접근성 향상을 위해 환승센터를 건립했다.
- ELAN 참여 및 추종 도시들에 지침이 될 수 있도록 지속가능한 이동성을 위한 새로운 계획을 수립했다.
- 자전거 이용률을 높이기 위한 구체적인 전략과 'City Wheel' 프로젝트를 보강하고 계획을 공식화했다.
- 안전한 스쿨존을 정비(46개 초등학교와 4개 교육기관)했다.
- 도심부 ZONE 30(속도제한 30km/h) 제도를 확대 시행했다.

이는 공공의 이동성 계획을 기반으로 대중교통의 이용과 자전거, 보행자, 대체에너지 및 교통의 IT 적용 등 모든 분야에 보다 구체적인 시책을 추진하고 교통 행동도 변화시키고자 함에 있다.

CIVITAS 프로젝트 그룹과 참가 도시

CIVITAS I 프로젝트에는 2002년부터 2006년까지 19개 도시가 참가, 4개 그룹의 도시별 시책에 대해 총 5000만 유로가 지원되었다. 2단계인 CIVITAS Ⅱ 프로젝트는 새로운 17개 도시가 참가해 2009년까지 성공적으로 마무리되었다. 2008년부터 2012년까지 시행한 CIVITAS PLUS 프로젝트(2008-2012년)에서는 과거 참가 도시는 차기에 선도도시Leading City 경우에만 가능하고, 그 외 도시는 참가할 수 없도록 하였다.

CIVITAS 프로젝트에 참가한 도시가 실행하는 시책은 8개 분야의 틀 안에서 시민 의견을 반영한 각 도시의 독자적인 프로그램이 상향식의 제안 절차로 이루어지며, 이의 구체적인 내용과 방법 등은 그룹별로 다르다. 그리고 각 그룹은 모든 시책 분야를 강력히 실행하는 선도도시와 시책이 적고 강도가 약한 추종도시Follower City로 나누어 형성되어 있다.

참가 도시의 상당수는 시 중심부가 세계유산으로 지정되어 있고, 자동차 통행 제한과 혼잡통행료 징수 등 교통수요관리가 비교적 쉬운 환경을 갖추고 있다.

■ CIVITAS Ⅰ 프로젝트(2002~2006)
- MIRACLES; Barcelona, Cork, Winchester, Rome
- TELLUS; Rotterdam, Berlin, Gothenburg, Gdynia, Bucharest
- VIVALDI; Bristol, Nantes, Bremen, Kaunas, Aalborg
- TRENDSETTER; Lille, Prague, Graz, Stockholm, Péecs

■ CIVITAS Ⅱ 프로젝트(2005~2009)
- SUCCESS; Preston, La Rochelle, Ploiesti
- CARAVEL; Genoa, Krakóow, Burgos, Stuttgart
- MOBILIS; Toulouse, Debrecen, Venice, Odense, Ljubljana
- SMILE; Norwich, Suceava, Potenza, Malmöo, Tallinn

■ CIVITAS PLUS Ⅰ 프로젝트(2008~2012)
- ELAN; Ljubljana, Ghent, Zagreb, Brno, Porto
- ARCHIMEDES; Aalborg, Brighton, Iasi, Monza, SanSebastian, ÚstinadLabem
- MIMOSA; Bologna, Funchal, Gdansk, Tallinn, Utrecht
- MODERN; Craiova, Brescia, Vitoria-Gasteiz, Coimbra, Ostrava
- RENAISSANCE; Perugia, Bath, Szczecinek, Gorna Orjahovitsa, Skopje

■ CIVITAS PLUS Ⅱ 프로젝트(2012~2016)
- DYN@MO; Aachen, Gdynia, Koprivnica, Palma
- 2MOVE2; Stuttgart, Brno, Malaga, Tel Aviv-Yafo

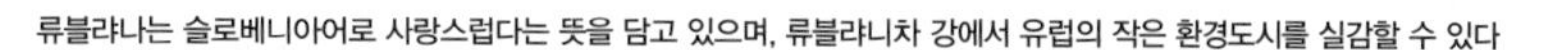

류블랴나는 슬로베니아어로 사랑스럽다는 뜻을 담고 있으며, 류블랴니차 강에서 유럽의 작은 환경도시를 실감할 수 있다

잘츠부르크

도시 전체가 세계문화유산인 도시

오스트리아 잘츠부르크는 모차르트가 태어난 예술의 도시로 영화 '사운드 오브 뮤직'의 배경으로 유명하다. 드라마틱한 도시 전경, 역사적 의미가 깊은 도시 구조와 유서 깊은 건축물, 교회적 도시 형태로, 도시 전체가 세계문화유산으로 지정된 역사지구는 역사 · 문화적으로 지속가능한 도시의 전형적인 모습이다.

예술과 역사의 도시, 알프스의 관문 잘츠부르크

오스트리아 잘츠부르크Salzburg는 독일 뮌헨으로부터 동쪽으로 약 140km, 오스트리아 빈으로부터는 서쪽으로 300km 떨어진 거리에 표고 424m, 알프스 북쪽 경계의 잘차흐Salzach 강 양쪽 기슭에 위치하고 있으며, 2014년 인구는 15만 명이다.

역사적으로는 기원전 15년경 고대 로마인들에 의해 잘츠부르크 성당과 잘차흐 강 너머의 옛 시가지 등 여러 정착지가 하나로 합쳐졌다. 기원전부터 암염의 교역이 활발히 형성됐던 이 마을은 잘츠(소금)부르크(성)로 불려 왔다. 중세 시대 소금은 하얀 황금이라고 불릴 만큼 귀중한 것이었다. 광산의 소금으로 부를 쌓은 잘츠부르크는 1077년부터 묀히스베르크MÖnchsberg 산 언덕에 호헨잘츠부르크Festung Hohensalzburg 성을 쌓기 시작했다. 이후 후기 고딕 양식과 바로크 양식의 아름다운 건물들이 여기저기에 자리 잡게 되고 종교도시로서 번창했다.

잘츠부르크는 제2차 세계대전 당시 연합군의 폭격으로부터 큰 피해를 받지 않았다. 비록 도시의 교량, 성당의 돔 등은 파괴됐지만, 구시가지의 교회나 역사적 건축물들은 손상되지 않아서 바로크 양식의 건축과 유구한 역사, 모차르트의 출생지, 그리고 알프스의 북로마 혹은 북쪽의 피렌체로 널리 알려져 있다.

구시가지 역사지구의 교회나 역사적 건물이 그대로 보존되고 있다

구시가지에 모여 있는 주요 관광루트를 마차로 투어할 수 있다

잘차흐 강의 야경, 잘츠부르크의 구시가지 산 위에 호헨잘츠부르크 성이 멀리 보인다

매년 8월 여름 잘츠부르크 음악축제 기간에는 200여 개의 공연이 열린다

도시 전체가 세계문화유산, 잘츠부르크 역사지구

잘츠부르크 역사지구Historic Centre of the City of Salzburg는 1996년 오스트리아 빈 합스부르크 왕조의 유산이 집결된 호프부르크 왕궁Hofburg Palace, 쇤부른 궁전Schloss Schönbrunn과 함께 세계문화유산에 등록됐다. 교회국가로서 긴 역사와 연관된 유산, 바로크 시대에서 유래하는 많은 건축물, 모차르트 생가 등 음악과 관련한 많은 유산으로 잘 알려졌다. 중세 양식의 건축물과 호수와 숲, 이 모든 것이 알프스 산맥과 도시 전경의 멋진 조화를 이루고 있어 영화 '사운드 오브 뮤직'의 무대가 되기도 했다.

역사적 의미가 깊은 도시 구조, 수세기에 걸쳐 건축된 많은 대성당과 종탑들, 오래된 수도원, 궁전, 유서 깊은 건축물 등은 모차르트와 같은 수많은 음악가가 활동했던 예술의 도시답게 친숙함이 있고 골목길마다 독특한 고전의 향기를 느끼게 한다. 구시가지의 모차르트 광장Mozartplatz 중앙에는 모차르트 상이 있고 카페나 레스토랑이 줄지어 있다. 특히 게트라이데가세Getreidegasse에 위치한 모차르트 기념관은 1756년 1월 27일 모차르트가 탄생한 집으로 많은 관광객이 찾고 있다.

중세 시대 도시 구조가 그대로 남은 게트라이데가세Getreidegasse를 비롯한 불규칙하고 수없이 얽힌 좁은 골목길에 예술과 역사가 묻은 고전적인 거리 풍경은 아케이드를 둘러싸고 있는 것처럼 보인다.

특히 각각의 골목길에는 중세 양식, 로마네스크 양식, 르네상스 양식, 바로크 양식 등 다양한 양식으

게트라이데가세의 상점들이 파는 물건을 형상화하여 만든 이색 간판들

시내를 운행하는 친환경 대중교통 트롤리 버스

로 지어진 건축물들을 볼 수 있다. 특히 가장 번화하고 유명한 쇼핑 거리 게트라이데가세Getreidegasse의 장식적인 철 세공 간판은 잘츠부르크에서만 볼 수 있는 독특한 디자인으로 도시 미관을 화려하게 장식하고 있다.

일 년 내내 클래식 음악제가 열리는 음악 도시

매년 1월 모차르트의 생일 무렵이면 국제 모차르트 재단에 의해 '모차르트 주간' 행사가 열린다. 오페라와 관현악, 실내악, 솔리스트의 콘서트를 시작으로 3월부터 5월까지 부활제 음악제와 성령강림제 음악제, 잘츠부르크 여름 음악제 등 연중 수많은 페스티벌과 문화행사가 끊이지 않는다.

특히 여름 잘츠부르크 음악제는 창설 당시부터 높은 음악성을 가진 국제적인 음악가들이 참가하는 클래식과 현대음악이 어우러진 행사로 명성이 높다. 매년 7월 하순부터 8월 하순까지 행사가 열리는 기간 중 200여 개 내외의 각종 공연이 개최되는데 실제 청중의 75%가 외국인일 정도로 각국에서 음악 관광객이 26만 명 정도 몰리는 음악제이다(www.salzburg.info).

마침 음악제 기간에 잘츠부르크를 갔을 때 연주자들이 정장과 드레스를 입고 악기를 들고 다니는 모습을 여기저기서 볼 수 있었는데, 관중과 콘서트 프로그램의 깃발들이 어울려 아름다운 가로를 연출함으로써 무척 낭만적으로 보인다.

친환경 대중교통 시스템

잘츠부르크 중앙역은 구시가지에서 도보로 15분 정도 거리에 위치해 접근성이 아주 좋으며, 역 앞에는 시내버스나 교외버스의 소규모 환승정류장이 있다. 트롤리 버스[trolleybus]와 일반 버스 20개 이상의 노선이 매 10분 간격으로 운행되고, S-Bahn으로 불리는 교외전철은 4개 노선[S1, S2, S3, S11]이 30분 간격으로 운행되고 있다. 새로 개통된 전철 S1 노선은 크리스마스 송 '고요한 밤 거룩한 밤'으로 유명한 오베른도르프[Oberndorf]를 운행하고 있다.

잘츠부르크는 근거리 지역으로의 환승과 유럽 각국 특급 전철과의 연계 접속이 가능할 뿐 아니라, 유럽 고속도로망의 중심이기도 해 오스트리아 빈과 연결하는 A1, 뮌헨을 연결하는 A8, 프라하를 연결하는 A10과 교차하고 있다.

역사지구는 자동차 통행 제한으로 자전거 이용이 활성화되어 있으며, 음악제를 관람하는 사람들이 몰리기도 한다

유명한 쇼핑거리 게트라이데가세는 중세 시대 도시 구조가 그대로 남아 있다

역사적으로 오래전부터 자전거를 이용한 잘츠부르크에는 현재 약 170km에 이르는 자전거도로가 개설돼 있고, 900개의 안내 표지가 있다. 경관이 좋은 자전거도로는 23개 노선에 이르고 5500여 개소의 자전거 주차장을 갖추고 있으며, 대부분의 호텔에서도 손쉽게 자전거 대여를 할 수 있는 등 오스트리아 제1의 자전거 도시임을 보여주고 있다(www.salzburg.info).

역사지구 내에는 자동차 통행이 불가능해 자전거가 접근 가능한 곳이면 어디든 주차된 자전거의 모습을 쉽게 볼 수 있다.

두브로브니크

중세 발칸 반도의 아름다운 성곽 도시

크로아티아 두브로브니크의 구시가지로 들어가는 필레 문 위에는 '자유는 돈으로는 살 수 없다'고 적혀 있다.
이 문구처럼 두브로브니크는 작지만 뛰어난 자유도시다. 구시가지 전체가 유네스코 세계유산으로,
몇 차례 파괴됐지만 시민의 손으로 역사적 문화와 경관을 되찾아
지금도 중세의 모습을 그대로 간직하고 있다.

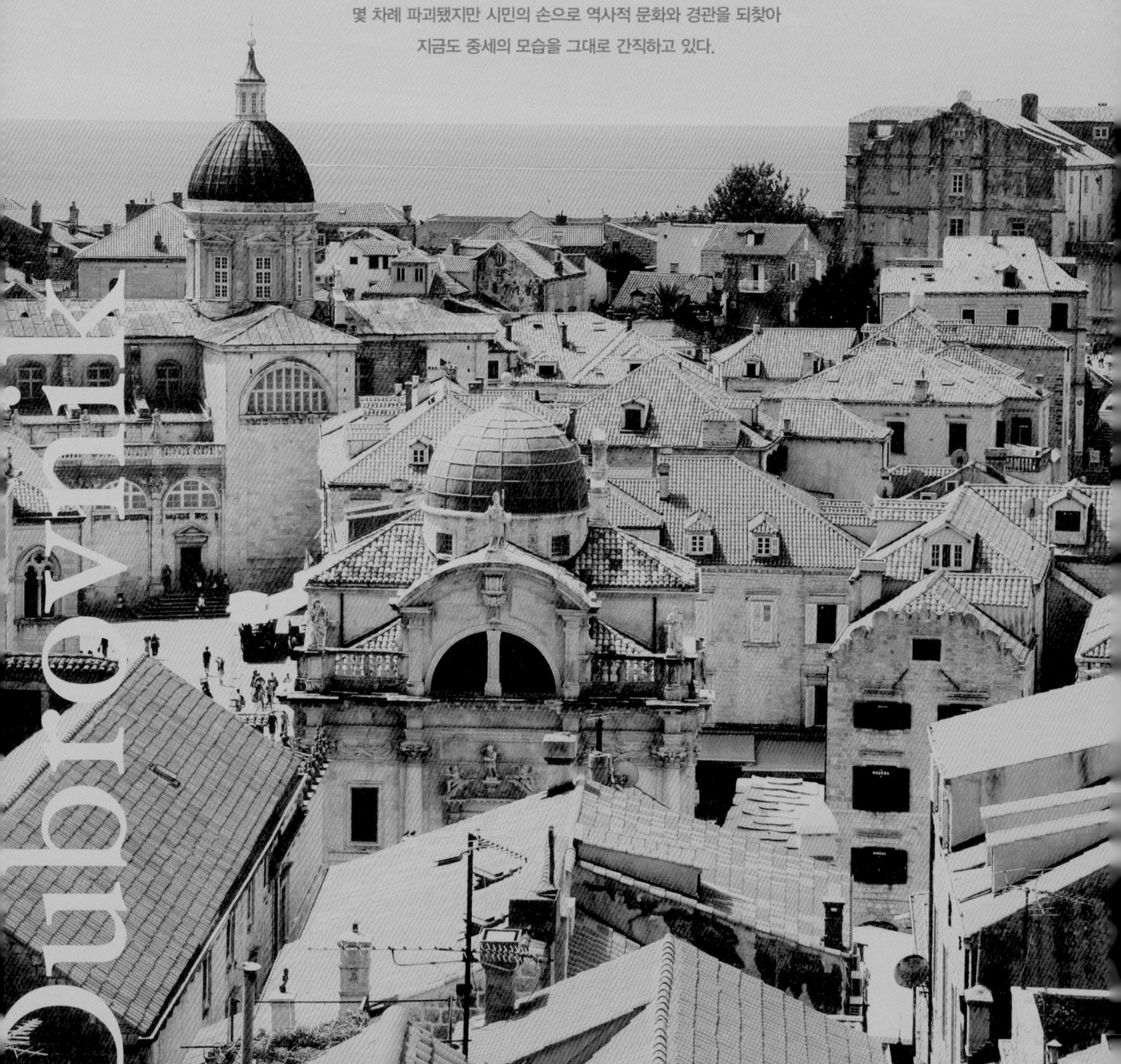

유럽인들이 가장 가고 싶어 하는 자유도시, 두브로브니크

아드리아 해海의 진주로 불리는 두브로브니크Dubrovnik는 영국의 극작가 버나드 쇼가 "두브로브니크를 보지 않고 천국을 논하지 말라"는 말을 남긴 것처럼, 해마다 유럽인들이 가장 가고 싶어 하는 크로아티아에서 가장 인기 있는 관광도시이다. 인구는 4만2615명, 면적은 21.35km²로, 두브로브니크네레트바 주의 중심 항구도시이기도 하다.

두브로브니크 구시가지를 가장 특징짓는 역사적 건축물은 약 2km에 달하는 두터운 성벽이다. 성벽의 두께는 장소에 따라 3m에서 최대 6m이며, 높이는 약 25m 정도이다. 그리고 5개의 요새와 16개의 탑이 있으며, 성벽을 오르는 곳은 세 군데 있는데 대부분은 필레 문으로 들어간다.

두브로브니크의 하이라이트인 성벽 투어를 하면서 멀리 내려다보이는 검푸른 아드리아 해와 붉은 지붕들, 여러 골목길 등이 어우러진 중세의 거리는 정말 일품이다. 성벽 투어를 마치고 중심 항구인 로크룸Lokrum 부두를 구경하고 플로체 게이트를 나와 케이블카를 타고 배후에 있는 스르지 산꼭대기 412m 전망대에 오르면 아드리아 해에 떠있는 아름다운 두브로브니크 전경을 충분히 즐길 수 있다.

구시가지 전체가 유네스코 세계유산

두브로브니크는 아드리아 해에 면해 중세의 성벽을 가진 요새도시Citadel City를 구축해 왔으며, 13세기 이후에는 지중해 교역의 일대 거점으로 크게 번영했다. 1667년 발칸 반도가 큰 지진 피해를 입었지만, 역사적 유산과 중세의 다양하고 화려한 건축 양식을 계승하여 건축물들을 복구하고 보전해 왔다.

그리고 1979년과 1994년에 구시가지Old City of Dubrovnik를 중심으로 유네스코 세계유산으로 지정된 유서 깊은 도시이지만, 1991년 유고슬라비아 내전으로 파괴되면서 1998년까지 위기유산목록에 오르기도 했다.

도시국가, 자유도시의 자부심을 가진 시민들은 이러한 몇 차례의 자연 재해, 전쟁을 겪으면서 연대별 건축 양식 지도와 자료를 토대로 성벽과 도로, 교회와 공공시설은 물론이고 골목, 주택까지 건축된 시대와 양식을 재현했고, 이것이 두브로브니크의 가장 큰 자랑거리로 여겨지고 있다.

선진적인 두브로브니크의 복지행정, 입법 시스템

자유도시 두브로브니크 행정조직의 시작은 매우 귀족정치적이어서 시민 중에서도 비교적 사회적 신분이 높은 자에 의해 통치, 관리됐다고 한다. 그리고 도시국가 자체의 선진적인 법 제도를 만들고 집행해, 중세 유럽도시 가운데 도시기반시설이 잘 갖추어진 도시로 알려져 있다.

중세에는 생활용수를 풍족하게 사용할 수 없었던 시기였지만, 스르지 산에서 흘러내려오는 물을 이용해 상수도를 정비해 분수대도 설치했고, 이 물을 모든 가정에 공급했다. 의료 서비스는 1301년에 도입됐고, 약국은 1317년, 경로시설은 1347년에 시작됐다. 현재 유럽에서 가장 오래된 약국이 프란시스코 수도원 안에 아직 남아 있다.

또한 아주 오래전부터 이발사나 의사를 시간제 근무로 고용해 고령자나 사회경제적 약자들이 모이는 장소(교회, 양로원 등)에서 이발과 진찰을 무료로 받게 하고 있다. 이처럼 두브로브니크가 일찍이 14세기부터 가장 빨리 고령자 복지행정, 시민 서비스를 시작한 것은 자랑할 만하다.

구시가지의 루자 광장과 스트라둔 대로

구시가지 중심 루자 광장에서 동서로 길게 이어져 있는 메인 스트리트인, 플라차Placa라고 부르는 스트라둔Stradun 대로는 몇 백 년의 역사 속에 수많은 사람들의 발길이 닿으면서 석회석과 대리석이 다져져 거리의 모습이 거울처럼 반사될 정도로 대로가 반들거린다.

이 스트라둔 대로를 중심으로 17세기까지 화려한 궁전들과 역사적 건축물이 들어섰지만, 1667년 대지진으로 건물들이 파괴되면서 새로 지어졌고, 동쪽 끝에 있는 루자 광장도 1952년에 현대식으로 재건됐다.

루자 광장에서는 7월에서 8월까지 약 5주 동안 열리는 두브로브니크의 여름 축제 기간에 밤마다 시계탑 건물 벽에 스크린이 상영되거나, 야외음악회, 공연 등 다채로운 행사가 펼쳐지고, 광장 카페에는 수많은 관광객으로 항상 활기가 넘친다.

성곽 내 루자 광장의 메인 스트리트,
몇백 년 역사 속에서 수많은 관광객으로 다져진
스트라둔 대로의 바닥은 미끄럽고 반들거린다

두브로브니크 스르지 산 정상에서 바라본 아드리아 해

구시가지는 약 2km에 달하는 두터운 성벽으로 둘러싸여 성벽 투어를 할 수 있다

유럽 허브공항에서 두브로브니크 항공편 많아

인천에서 두브로브니크로 가는 항공편은 아직 직항은 없지만 파리, 프랑크푸르트 등 유럽의 주요 허브공항에서 취항노선이 비교적 많아 수많은 관광객의 관문이 되고 있다. 특히 크로아티아 국내선 자그레브와 두브로브니크 구간은 저가항공을 비롯해 운행편수가 많다.

두브로브니크 국제공항은 시내 중심부로부터 약 20km 떨어져 있으며, 공항에서는 시내 버스터미널이 있는 그루즈Gruž 지구와 구시가지 필레 문까지 공항버스가 운행되고 있다. 크로아티아의 다른 도시와 달리 철도노선이 없기 때문에 고속도로를 이용하고, 자그레브, 스플리트 등 각 도시와는 고속버스

두브로브니크 여름 축제 기간에 구시가지 중심 루자 광장에서는 스크린 상영 및 야외공연 등이 펼쳐진다

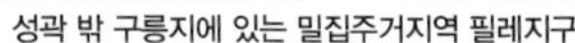
성곽 밖 구릉지에 있는 밀집주거지역 필레지구

필레 문 앞, 구시가지 교통의 중심으로 버스가 모두 이곳에 정차한다

로 연결된다. 그리고 인접 보스니아, 슬로베니아, 독일, 스위스 등 국제선 장거리 유로라인 버스가 많다. 그 외에도 지중해 크루즈가 두브로브니크 항구에 정박하는 노선이 많다. 페리는 겨울에는 운항하지 않지만 이탈리아 바리Bari에서 국제선 페리와 스플리트 간 쾌속정 페리가 인기 있다.

구시가지 교통의 중심, 필레 문 앞 버스정류장

두브로브니크의 시내는 크게 버스터미널과 항구가 있는 그루즈Gruz 지구, 호텔과 리조트 등이 모여 있는 라파드Lapad와 바빈쿠크Babin Kuk 지구, 그리고 성문 밖 주거지역 필레Pile와 플로체Ploce 지구로 나뉜다.

성벽 안 구시가지는 자전거를 포함해 일체의 교통수단을 이용할 수 없고 도보로만 이동할 수밖에 없으며, 그 밖의 지구는 시내버스와 승용차를 이용해야 한다. 대부분의 버스노선은 구시가 교통의 중심이자 환승할 수 있는 필레 문 앞을 경유하게 되는데, 많은 관광객들이 이곳에 집중하게 됨으로써 주변 공영주차시설도 부족하고 정체가 심해 교통 여건이 좋지 않은 편이다.

따라서 버스를 자유롭게 이용할 수 있는 1일권, 3일권, 7일권 두브로브니크 카드를 구입하면 성곽 투어를 비롯한 여러 관광지와 박물관, 미술관 등을 함께 관람할 수 있으므로 적극 추천한다.

아드리아 해(海)의 항구도시 두브로브니크, 근해를 운항하는 선착장 배후의 스르지 산중턱에는 주택들이 밀집해 있다

GLASS BOAT

아바나

도시유기농업의 메카, 생태도시

쿠바는 인구의 8할이 도시 주민이지만 수도 아바나의 채소 자급률은 무려 100%다. 1990년대 초부터 농지가 없는 도시지역에서 자투리땅에 농작물을 재배하기 시작했고, 도시유기농업의 메카로 세계적인 주목을 받고 있다. 또한 도심을 가로지르는 알멘다레스 강가에 펼쳐진 700ha에 이르는 메트로폴리탄 공원은 210만 명이 사는 도시 속의 공원이지만, 전형적인 열대우림을 연상시켜 생태도시의 성공 사례로 연구되고 있다.

아바나 구시가지 역사지구 일대, 세계문화유산 지정

쿠바의 수도 아바나(스페인어 La Habana)는 쿠바섬 북서 연안의 플로리다 해협에 접하는 카리브해안의 최대 도시다. 그리고 아바나 항은 쿠바의 담배, 사탕수수 등 최대의 무역항이다. 면적 728km²에 인구는 약 210만 명이며, 카리브 해의 자연이 아름다워 헤밍웨이의 '노인과 바다'의 배경이 됐던 곳이다.

아바나는 행정구역상 15개의 구역으로 나누어져 있지만 크게 올드 아바나La Habana Vieja, 베다도El Vedado 그리고 미라마르Miramar 등 세 개의 지역으로 구분된다.

올드 아바나는 아바나 항으로부터 아르마스 광장Plaza de Armas에 이르는 역사지구로서 1519년 스페인이 건설했으며, 아바나 만에 접해 신 · 구 세계의 중간 기착지 무역항으로서 중요한 역할을 했다. 그리고 이곳은 스페인 통치시대의 바로크 건축과 신고전주의 건축으로 구성된 3000여 채의 건물이 아직 존재한다. 20세기 후반에는 많은 건물이 폐허화됐지만 그 후 얼마 동안 재건이 이루어졌으며, 이곳 역사지구인 올드 아바나와 4개의 요새는 1982년에 '아바나 구시가와 요새들Old Havana and its Fortifications'이란 이름으로 유네스코 세계유산으로 등록된 바 있다(www.oldhavanaweb.com).

아바나 도시개발의 역사

아바나 도시개발의 역사는 16세기 스페인 식민지 도시부터 소련 붕괴 이후 1990년 초반 쿠바 정부의 경제 및 제도 개혁으로 인한 새로운 도시 개발이 이루어지기까지 크게 4단계로 나누어 정리할 수 있다(www.lahabana.com).

식민지 도시(1514-1898년) 기간은 스페인이 쿠바를 정복하고 식민화한 시기다. 1553년에 아바나는 쿠바의 스페인 식민지 본부가 됐고, 유럽과 아메리카 교역의 중심지로 자리잡게 되면서 요새와 방벽을 쌓기 시작했다.

또한 1898년 쿠바는 스페인으로부터 독립 이후 1959년 혁명에 이르기까지 아바나의 대도시 확장과 근대화가 급속히 추진된 시기이다. 1956년 아바나 만 지하터널이 개통돼 말레콘Malecón에서 동부 아바나까지 연결되고, 또한 베다도Vedado와 미라마르Miramar의 경계를 이루고 있는 알멘다레스 강 밑으로 터널을 뚫어 두 지역을 연결해 고급 주택지와 상업지역을 개발하는 등 도시를 확장하게 된다.

구시가지와 동부 아바나를 연결하는 메트로 버스

아바나 구시가지의 보행자전용 중심상업지구

이윽고 1959년 새로 수립된 혁명 정부는 도시와 지방간의 불균형 해소에 착수하게 되고 급진적인 새로운 도시정책을 받아들이게 된다. 마침 소련연방의 붕괴 이후 1990년 카스트로는 쿠바를 위한 특별한 시대Special Period를 선포하고 사탕수수와 담배만으로는 경제 위기를 극복하기 힘들게 돼 관광산업을 주요 성장 동력으로 삼고 국제 관광 사업을 위한 국가계획the National Plan for the Development of International Tourism을 토대로 도시개발이 이루어지게 된다.

도시유기농업의 메카 아바나의 성공 사례

쿠바 농업정책의 특이한 점은 무엇보다도 농지가 없는 도시지역에서 농업을 위한 새로운 토지를 확보하기 위해서 도시의 휴한지나 컨테이너 재배 등을 이용했고, 소규모로 자가 채소밭을 적극적으로 보급시킨 것이다.

또 한 가지는 쿠바가 당시 경제 위기로 식량이 끊기고 화학 비료나 살충제를 수입하기 위한 교환 가능 통화가 심각할 정도로 부족했기 때문에 1990년대 초부터 국가 규모로 유기농업Organic farming을 보급하기 시작한 것이 성공의 원동력이 됐다.

아바나의 명물, 오토바이를 개조한 삼륜차 코코(CoCo)택시

아바나 시내에서 느긋하게 이용할 수 있는 자전거 택시, 요금이 저렴하다

현재 몇만 개가 넘는 유기농원이 있어서 도시유기농업의 메카가 된 아바나는 이미 오래전부터 세계의 벤치마킹 대상이 되고 있다. 국내 KBS 환경스페셜(182회) 등을 비롯해 생태도시의 성공 사례로 많이 소개된 바 있다.

1990년대 후반 200만 명이 넘는 대도시가 완전 유기농에 의한 도시농업에 뛰어들며 약 10년 만에 이룩한 성과를 인정받아 쿠바유기농업협회는 Right Livelihood Award(제2의 노벨상 또는 대안 노벨상)를 수상했다. 특히 도시유기농업이 정착하는 데는 정부가 여러 곳에 농업컨설팅숍을 운영하는 등 적극적인 지원을 했을 뿐만 아니라 비영리단체인 농업산림기술자협회ACTAF의 역할도 컸다.

메트로폴리탄 공원 프로젝트, 지속가능한 생태도시

메트로폴리탄 공원은 아바나 시내의 4구에 걸쳐서 알멘다레스Almendares 강가의 9.5km 정도에 넓이는 700ha에 이른다. 이미 오래전부터 계획 구상이 있었다고는 하지만, 실제 이 대규모 도시 커뮤니티 개발 프로젝트는 1990년에 쿠바 정부에 의해서 시작됐다.

쿠바 NGO, 관련 연구기관과 더불어 옥스팜 캐나다Oxfam Canada, 에버그린재단Evergreen Foundation, 캐나다

도시연구소Canadian Urban Institute 등 국제적인 지원으로 아바나의 녹색 심장을 만들기 위해 공원의 80%가 재식재됐고 농업과 채소 재배가 이루어지도록 했다.

환경교육 프로그램의 보급을 통해 오염이 심한 하천의 정화, 전 연령층 레크리에이션 기회의 제공, 사회적 · 문화적 · 경제적인 발전 등도 프로젝트의 전략이었고 몇십 년 동안 꿈으로만 여겨왔다.

이 공원 프로젝트는 고유종을 회복시키고 현지의 수종이나 작물을 도입해 장래 생물다양성을 높인다는 설명이지만, 자연을 즐기고 자연과 함께 숨 쉬는 도시로 만드는 것이 이들의 목표인 듯하다. 도시 속의 공원이 아니라 210만 명이 사는 전형적인 열대림 공원은 이곳 외에 세계 어디에서도 볼 수 없는 곳이다. 앞으로 이 공원은 더욱 정화된 하천 그리고 양질의 물 공급, 기술 개선과 흙의 재생으로 보다 생산적인 농업과 지속가능한 생태도시의 사례로 널리 알려지게 될 것이다.

50여 년 만에 자동차 수입 규제 없애, 자동차 공해가 점차 해소될 듯

쿠바의 폐쇄적 경제구조는 2011년 시작된 사회주의 경제개혁을 통해 변화하고 있다. 자영업자를 육성하

아바나 말레콘 해안을 따라 매년 여름에 펼쳐지는 쿠바 카니발 기간에는 모두 퍼레이드를 즐긴다

고, 주택과 중고자동차 매매 등 사유재산 거래를 제한적으로 허용한 데 이어서, 1959년 혁명 이후 사실상 금지된 자동차 수입 금지를 지난해 말 없애기로 했다. 그리고 택시회사 자영업이 점차 허용됨으로써, 쿠바의 명물인 올드 카는 사라지겠지만, 무엇보다도 극심한 교통체증에 한몫을 한 연식이 꽤 된 중고차 배기가스의 공해문제는 어느 정도 해소될 것으로 전망된다.

대중교통의 경우, 시내 주요 구간 총 17개 노선을 운행하는 메트로 버스와 지선으로 주변지역을 연결하는 OM버스Omnibus Metropolitanos가 있는데, 최신형 굴절 버스 등으로 많이 교체되는 등 시내 대중교통의 여건이 개선되고, 특히 지난 2014년 12월 미국과 쿠바가 반세기만에 국교정상화를 공식 선언함으로써 장래 모든 교통환경 여건은 크게 향상될 것으로 전망된다.

삶에 음악과 춤이 배어 있고, 가난하지만 예술을 즐기다

세계적으로 유명한 기타리스트, 음악 프로듀서인 라이 쿠더Ry Cooder와 빔 벤더스Wim Wenders 감독에 의해 제작된 쿠바의 음악영화 '부에나 비스타 소셜 클럽Buena Vista Social Club(1999)'이 유명하다. 이러한 쿠바 음악의 매력 때문에 많은 사람들이 꼭 한번 가보고 싶은 도시 중의 한 곳이기도 하다. 지금도 아바나 클럽Habana club에서 듣던 Chan Chan, Veinte Anos 음악들을 떠올리면 다시 그리워진다. 그리고 마침 8월 중순 쿠바 카니발 기간에 마주친 아바나 말레콘Malecon 해안의 밤은 아주 재미있었다.

이렇게 뜨거운 예술 열정을 가진 문화도시 아바나에서는 매년 음악, 춤, 미술, 영화 등 각 분야에서 많은 페스티벌이 열린다(www.lahabana.com). 대표적으로는 아바나 재즈 페스티벌Havana Jazz Festival, 2년마다 열리는 국제 아바나 발레 페스티벌The International Havana Ballet Festival, 그리고 매년 12월에 열리는 아바나 국제 필름 페스티벌Havana's International Film Festival 등이 유명하다.

이처럼 동네 극장에서 음악공연을 하고, 평범한 시민들이 문화공연을 일주일에 두세 차례 관람한다는 아바나는 풍부한 문화시설과 격식 있는 문화 활동이라기 보다는 시민 모두의 삶에 음악과 춤이 배어 있는 듯하다. 가난한 나라지만, 올드 아바나 여기저기에서 그림 전시회를 볼 수 있고 흘러나오는 쿠바의 라틴음악과 재즈를 스스로 즐기는 것만으로도 문화도시의 삶이 될 수 있다는 것을 실감하게 된다.

쿠리치바

세계적인 환경도시, 버스 중심 교통체계

브라질 쿠리치바는 지구에서 환경적으로 가장 올바르게 사는 도시, 희망의 도시, 꿈의 미래 도시 등으로
우리에게 널리 알려져 왔다. 도시교통과 토지이용의 통합적인 계획을 수립하게 된 배경,
버스 중심의 도시교통체계 등 대표적인 도시 발전 사례를 살펴보기로 한다.

환경적으로 가장 올바르게 사는 도시

쿠리치바Curitiba시는 브라질 남부 상파울로시와 약 400km 떨어져 해발 930m의 아열대 연안에 위치한 대도시로서 파라나 주Paraná State의 중심 도시이고, 2015년 기준 인구는 188만 명, 대도시권 340만 명, 면적은 430.9km²에 이르고 있다.

쿠리치바 시는 제2차 세계대전 직후 인구 약 15만 명 정도의 지방 소도시였지만, 1943년에 프랑스인 아가뉴에 의해 특별구로 구분되어 공원과 대로 정비 등이 진행됨으로써 도심부 개발이 진행됐다. 그리고 도시계획의 뛰어난 성공 사례로 전 세계가 벤치마킹하는 도시로 성장했다. 버스전용차선, 굴절버스, 튜브 모양의 버스정류장 등 이용하기 편리하고, 대용량 고속수송을 실현함으로써 전 시민의 85%가 이용하는 아주 효율적인 대중교통 시스템을 갖추고 있다.

녹지정책에 대해서도 탁월한 성공을 거두었는데, 특히 시민 1인당 녹지 면적은 54m²로 유네스코의 도시 기준치 약 3배 정도에 해당하고 세계 도시 중에서는 오슬로에 이어 2번째 크기이다.

세계가 주목하는 친환경 도시, 공원과 녹지의 창조

무엇이 쿠리치바를 친환경 도시로 만들었는가. 버스 중심의 대중교통체계가 도시 속의 생태공원을 보존하고 발전시키는 데 중요한 역할을 하였지만, 무엇보다도 재활용 75%의 리사이클 운동, 어려서부터 철저한 환경교육을 통해 환경을 최우선 가치로 내세운 점이다. 그리고 하천에 대한 친환경적인 관리와 공원 · 녹지의 창조에 있다고 할 수 있다.

우리에게 잘 알려진 쓰레기 분리수거와 리사이클 운동은 시 전체 쓰레기의 2/3를 다시 사용할 수 있을 정도로 보급화했으며, 쓰레기와 버스토큰, 농산물 혹은 유제품과 교환하는 쓰레기 제로화는 빈민가 주민에 의한 쓰레기 폐기를 관리할 수 있음으로써 위생과 환경 향상에도 크게 공헌해 1990년 유엔으로부터 표창을 받은 바 있다.

그 외 도시계획 영역에 있어서는 채탄장을 공원으로 복원한 탕구아 공원, 투로패로스 공원, 주택가 옆에 시민들이 가장 많이 찾는 바리귀 공원, 카이우아 공원 등 100여 개의 크고 작은 공원들과 대규모 인공호수가 홍수를 방지하고, 환경을 자연적으로 복원하는 기능을 적극 활용한 점에 있다.

마스터플랜의 지속적 추진과 도시계획연구소의 역할

1966년에 수립된 마스터플랜의 기본 방침에는 변경이 없지만 상세한 도로망이나 세부적인 토지 이용 규제에 대해서는 몇 차례에 걸쳐 재검토되고 유연하게 조정되어 왔다. 그 가운데 기본 방침은 변함없이 지속적으로 추진되었는데, 특히 도시구조의 도로망 체계에 있어서는 기본적으로 5개 도시축을 설정하고 원칙적으로 3중 도로 시스템으로 구성돼 있다. 중앙도로는 4차선(2차선 버스전용차선)이고 양측 도로는 일방통행이다.

또한 토지이용에 있어서는 시가화 구역의 용도지역지구Zoning에 따라 상세적인 건축 제한을 받고 있다. 즉 간선도로 사이 2블록은 특별용도지역지구로 모든 상업서비스 기능이 입지 가능하여, 버스전용도로에 근접할수록 고밀도 도시 활동으로 버스 수요를 창출할 수 있도록 계획하였다.

특히 1965년에 설립된 도시계획 연구소 IPPUCCuritiba Research and Urban Planning Institute는 마스터플랜 작성의 통합적인 개발계획연구와 각종 프로젝트 제안 등(www.ippuc.org.br) 도시계획행정에 중요한 발언권을 갖고 쿠리치바에 미치는 영향력이 지대했다. 특히 도심 보행자전용지구 추진을 강력히 시행, 성공 이후 시민들에게 더욱 신뢰가 높아졌다.

세계에서 최초로 도입한 튜브형 버스정류장, 휠체어나 유모차 등을 위한 리프트가 설치되어 있다

버스 중심의 교통 시스템과, 생태도시답게 도심과 주택가 · 공원 등지에 자전거도로를 지속적으로 확충하고 있다

버스 중심의 도시교통정책

1950년경까지는 트램이 있었지만 갈수록 심화되는 도심의 교통체증으로 폐지됐고, 그 당시 궤도계 시스템을 도입하지 않은 이유는 재정적으로 어려웠기 때문이다. 버스 중심의 교통체계를 확립하려고 했던 것은 1970년 전후 세계은행 재정 지원이 개발도상국의 도시인 경우 버스 시스템 개선을 강하게 주문했고, 시에서도 버스전용차선과 튜브형 버스정류장 및 대용량 버스를 도입하더라도 1시간당 약 1만5000명까지 수송할 수 있다고 예상했기 때문이다.

마스터플랜에 의해 통합수송 네트워크 RIT Integrated Transport Network를 확립코자 했으며, 도시축의 중앙 버스전용도로를 활용해 종래의 버스노선체계를 개편해 왔다. 그리고 도심 트랜짓 몰transit mall과 역주행 버스차선 등 각종 버스우선정책에 따라 버스 수송의 위계도 정립하였다.

간선버스는 시가지 중심에서 방사상 5개축의 노선으로 버스전용도로를 주행하며 차량은 3연접 차량으로 버스 색깔은 빨강, 교외의 지역 간을 순환하는 그린색의 근교형 버스, 원칙적으로 2지점 간 버스터미널만을 정차하는 형태의 은색의 직행버스, 주로 인구밀도가 낮은 교외노선을 운행하는 오렌지색의 교외버스, 시 중심부에서 주로 방사형으로 이동하는 노란색의 지선버스 등 운행노선의 역할에 따라 버스 기능을 명확히 구분한 점이 특징이다.

도시공간구조는 5개축으로 설정하였고 도시축에서 멀어질수록 밀도가 낮은 주택지가 형성된다

시민들이 가장 많이 찾는 바리귀 공원, 하천과 인접한 지역에 공원을 개발하고 유수지 역할의 호수를 조성하였다

시민의 휴식처로 자리 잡은 도심 꽃의 거리, 보행자전용도로

쿠리치바로부터의 성공 시사점

쿠리치바 시는 토지이용계획과 교통계획이 밀접하게 연결됨으로써 통합적인 계획과 지속가능 도시의 대표적인 성공 사례로 평가되고 있다. 앞에서 살펴본 바와 같이 버스네트워크를 중심으로 한 도시축과 이 도시축을 따라 버스 수요 창출을 유도한 토지이용계획, 도로 기능을 충분히 고려한 연도의 토지이용규제, 도심부 센트로 및 꽃의 거리 활성화와 승용차 통행 억제, 자전거와 보행자 우선 교통의 추진 등이다.

그 외에도 하천과 공원, 녹지의 지속적인 조성과 적절한 이용, 교외에 거주하는 저소득층을 배려한 저렴한 단일요금제로 한 번만 요금을 내면 터미널에서 자유롭게 갈아탈 수 있는 사회적 요금제도, 지식의 등대 프로젝트 등 적은 예산으로 시민들에게 복지 혜택이 주어지는 수많은 창조적인 정책들이 바로 전 세계가 모델도시로 인정하게 된 이유다.

이러한 교통과 생태 분야에 있어서 괄목할 만한 성과들은 무엇보다도 1965년에 설립된 도시계획연구소 IPPUC의 역할과 활동을 바탕으로, 시장을 3회(1971-1974, 1979-1983, 1989-1992년) 역임한 자이메 레르네르Jaime Lerner의 창조적인 아이디어와 목표지향적인 정책 집행 때문으로 볼 수 있다.

쿠리치바 중심 제네론 광장에 있는 파라나 박물관(Praca Generoso Marques)

Part 3

대중교통 중심의 도시재생

베를린

도시재생을 통한 창조도시

지난 2009년 11월 브란덴부르크 문 일대에서는 베를린 장벽 붕괴 20주년을 기념하기 위해 유럽연합 27개 회원국 정상들과 수많은 시민, 관광객이 참여한 가운데 자유의 축제Festival of Freedom가 열렸다. 옛 베를린 장벽이 있었던 포츠담 광장에서 국회의사당까지 1.5km를 따라 세운 플라스틱 도미노 1000개를 무너뜨리며 장벽 붕괴를 재현해 세계 각국의 시선은 또다시 베를린으로 향하게 됐다.

독일 역사의 현장, 장벽 붕괴 25주년을 맞는 베를린

베를린Berlin은 독일연방공화국의 수도로 2014년 현재 인구 356만 명, 도시권 500만 명으로 독일 내 단일 규모로는 최대인 세계도시이다. 역사적으로는 1871년 독일제국이 성립된 이래 1945년 제2차 세계대전이 종결되기까지 독일의 수도였으며, 전쟁 후 냉전시대에는 동서로 분단되어 동베를린과 서베를린으로 나누어졌다.

1961년 8월, 동독 주민들이 서베를린으로 탈출하는 것을 막기 위해 쌓아 올린 155km의 베를린 장벽은 1989년 11월 무너지기 전까지 28년간 독일 분단의 상징이었다.

서독 정부는 베를린 장벽이 무너진 지 1년 만인 1990년 10월 3일 통일을 이룩했고, 이후 분단되어 있던 도로망과 지하철을 포함한 모든 철도 교통망을 동서로 직결시키는 등 인프라 정비나 도심재개발 프로젝트가 구 동베를린 지구를 중심으로 진행되었다.

지난 20년간 1조3000억 유로(약 2260조 원) 이상을 통일비용으로 사용함으로써 동독 지역이 눈부시게 성장했다. 1인당 국내총생산(GDP)은 과거 1991년 서독의 33%였지만 현재는 70% 수준으로 보도된 바 있다.

베를린의 도시개발, 녹지공간의 창출

독일 통일 직후 베를린을 방문했던 25년 전과 최근의 모습은 분명하게 많은 것이 변화해 있었다. 새로이 들어선 고층빌딩군이나 주택단지뿐만 아니라 광장으로 이어지는 거리의 경관들이 새로운 스카이라인을 보여주고 있었다.

포츠담 광장과 인접해 있는 라이프치히 광장Leipziger Pl.과 구 동베를린의 중심부였던 현재 미테Mitte구역의 알렉산더 광장Alexanderplatz은 베를린의 새로운 중심부가 됐음을 느낄 수 있었다. 이 밖에도 재개발된 프리드리히 대로Friedrichstr.나 쿠어퓌르슈텐담Kurfurstendamm 대로에서는 21세기의 모던 건축 양식이 즐비하여 새로운 변화를 보이고 있다.

2006년 월드컵에 맞춰 재단장한 올림픽 스타디움, 베를린 중앙역Hbf: Hauptbahnhof 등을 포함하여 1994년부터 건설에 투자된 비용은 매년 154억 유로에 이른다고 한다(http://www.doitsu.com/berlin). 베를린은 다른 대도

과거 베를린의 재개발 당시 근대건축 최고봉으로 일컬어지는 소니센터 내부

지난 2009년 베를린 장벽 붕괴 20주년을 기념하기 위해 장벽 붕괴를 재현하였다

시와는 달리 녹지대를 형성하고 있는 거리와 도시 공간 안에 수많은 광장이 곳곳에 랜드마크로 배치된 것이 특징이다. 거리 면적의 35%가 숲이나 공원, 호수와 늪, 하천, 운하이기 때문에 어느 곳을 가더라도 스포츠와 여가를 즐기는 여유로운 모습을 볼 수 있다.

베를린의 명소 포츠담 광장의 도심재개발

포츠담 광장은 1924년 11월 유럽에서 처음 신호등이 설치될 정도로 당시 유럽에서 교통량이 가장 많았던 곳이다. 과거 나치스의 주요 시설이 집중돼 있던 이곳 주변은 제2차 세계대전 당시 폭격으로 거의 모든 건물이 폐허가 되었다. 전쟁 후 동서를 종단하는 국경지대 약 50ha에 이르는 거대한 장벽 부지가 어떠한 조치도 취하지 못한 채 남겨졌기 때문에 포츠담 광장 재개발은 1990년 이후 신생 베를린을 상징하는 최대 프로젝트로서 세계적인 주목을 받게 된 것이다.

베를린 시는 이 지역을 4개 지구로 나누어 개발하였는데, 그 가운데 가장 큰 지구는 이탈리아의 유명한 건축가 렌조 피아노Renzo Piano에 의해 마스터플랜이 세워졌고, 각 빌딩의 건축설계는 이 기본계획에 따라 지어졌다. 자동차 회사인 다임러 벤츠(Daimler-Benz, 이후 Daimler-Chrysler, 현재 Daimler AG)가 들어와 있으며, 이

17개 건물 안에는 Potsdamer Platz No.1도 포함되어 다수의 법률사무소가 입주하고 있다.

두 번째로 큰 지구에는 헬무트 얀Helmut Jahn이 설계한 소니 유럽 본사가 입주해 있다. 매우 독특하고 인상적인 건축양식으로 지어진 소니센터는 유리와 철제로 구성되었으며 경쾌하고 굳건한 이미지로 베를린 근대 최고의 건축물로 손꼽히고 있다.

평일 7만 명(주말 10만 명)이 찾는 포츠담 광장은 도심재개발 프로젝트를 진행하는 과정에서 모두의 찬성을 받은 것은 아니었지만, 지금은 관광객이 반드시 가야 할 베를린의 명소가 되어 성공적으로 평가받고 있다. 또한 베를린 시민에게 최고의 쇼핑지일 뿐만 아니라, 3개의 영화관에 30개 스크린과 영화학교, 영화 박물관이 있고, 2000년부터 매년 베를린 국제영화제Berlin International Film Festival가 열리는 장소이기도 하다(http://en.wikipedia.org/wiki/Potsdamer_Platz).

철도 중심 교통 인프라의 대대적인 확충

베를린은 인구와 면적에서 모두 대규모인 세계도시로서 S-bahn, U-bahn, 트램, 버스 등 다양한 도시교통수단이 잘 정비되어 있다. 주 교통수단은 S-bahn(광역철도)과 U-bahn(도시철도)이며, 트램은 서베를린 지구에서는 모두 폐지되어 동베를린 밖에 남아 있지 않지만, 28개 노선과 총연장 173km를 갖춘 독일 최대의 트램 노선망을 자랑하고 있다.

- S bahn _ 15개 노선, 전 노선 연장 327km, 연간승객수 약 3억500만 명
- U bahn _ 평일 9개 노선(야간 7노선), 전 노선 연장 152km, 연간승객수 약 4억 명
- 시영전차 _ 평일 28개 노선(야간 5노선), 전 노선 연장 370km, 연간승객수 1억4300만 명
- 버스 _ 평일 160개 노선(야간 57노선), 전 노선 연장 1901km, 연간승객수 3억6000만 명
- 베를린-브란덴부르크 근교 열차 41개 노선, 1일 평균승객수 11만5000명

이러한 배경에는 도시 재정비와 더불어 근대화된 인프라의 확장에도 있다. 즉 철도망이나 역을 확장하거나 신설하기 위해 연방정부와 주, 독일철도주식회사가 100억 유로를 베를린-브란덴부르크의 철도

인프라에 투자하면서 U-bahn과 S-bahn과 같은 철도 교통망이 잘 갖춰지게 됐고, 현재까지 이들에 의한 여객 수송이 톱 레벨을 지켜오면서 점차 유럽의 교통 요충지로 발전하게 된 것이다.

특히 세계적인 철도역사 규모를 자랑하는 베를린 중앙역의 경우 서베를린 종착역이었던 레어터 역Lehrter Bahnhof이 유럽에서 가장 근대적인 5층 건물 역으로 2006년에 새로 건설되었다. 아치 모양의 글라스로 덮여 있는 지붕은 독일을 대표하는 건축물로 동서방향의 노선은 지상 3층(지상으로부터 높이 10m, 3면 6노선), 남북방향은 지하 2층(지방으로부터 지하 높이 15m, 4면 8노선)으로 남북과 동서를 연결하고 있다(http://www.hbf-berlin.de/site/berlin__hauptbahnhof).

자전거도시를 향한 베를린의 자전거 교통전략

베를린 시는 이미 오래전부터 자전거가 친환경적이고 건강한 교통수단이라는 점에 사회적인 합의를 이루었고, 우리가 주목할 점은 2010 교통발전계획Berlin's municipal transportation development plan으로 자전거 교통전략을 수립했다는 것이다.

자전거 교통전략의 5가지 목표는 첫째, 자전거의 수송분담률을 15%까지 늘릴 것, 둘째, 베를린 대도

이전 동베를린 지역에서만 운행되고 있는 저상형 트램

독일철도(DB)에서 운영하는 DB 콜바이크(Callbike)

독일 통일 후 최대 도심 재개발 프로젝트의 중심인 포츠담 광장에 베를린 장벽과 기념포스터가 전시되어 있다

시의 장거리 자전거 통행을 위해 대중교통과 연계한 자전거 이용률을 높일 것, 셋째, 자전거 사고 사망자 수는 절반, 부상자는 3분의 1 정도 줄일 것, 넷째, 2015년까지 시민 1인당 5유로의 자전거 관련 예산을 확보할 것, 다섯째, 자전거도시를 위해 시내 구간을 포함하여 전체 자전거도로망을 과감히 확충하는 것이다.

베를린 시는 각 부문별로 총 11가지의 구체적인 원칙과 가이드라인을 마련하고 세부 실천방안 등을 토대로, 2000년부터 자전거 교통에 관한 예산을 별도로 책정하고 매년 200만~300만 유로를 베를린 장벽 자전거 길을 비롯한 장거리 자전거 네트워크 정비에 투입했다고 한다.

그 외에도 자전거 이용자들이 손쉽게 대중교통과 연계하여 이용할 수 있도록 곳곳에 자전거 주차시설을 확충하고, 자전거를 버스, 트램, 전철 등에 실을 수 있도록 자전거 탑승 서비스를 시행하여 자전거 활성화에 역점을 두었다.

이러한 베를린의 자전거 교통전략은 자전거 강국이 되는 원동력이 되었고, 약 600km의 자전거도로는 대부분 전용도로로 보차도가 분리되어 있을 뿐 아니라 자전거전용사인도 마련되어 있어 자동차와 동등한 대접을 받고 있다.

베른

중세 도시의 아름다움을 간직한 도시

스위스 수도이자 베른 주의 주도인 베른은 도시 규모는 작지만 유럽에서 가장 중세 도시의 모습을 그대로 간직하고 있는 도시로, 지난 1983년 구시가지 전체가 유네스코 세계문화유산으로 등록돼 매력이 한층 높아졌다. 특히 아름다운 구시가지와 트램이 어우러져 오랜 역사와 전통을 보존하고 있으며, 환경적으로 지속가능한 대중교통우선 정책을 선도적으로 추진하면서 세계적인 창조도시로 발전해 나가고 있다.

구시가지 전체가 세계문화유산

스위스에서 가장 오래된 도시 중 하나인 베른Bern은 2014년 기준으로 인구 12만8848명, 면적 51.6km²으로 취리히, 제네바, 바젤에 이어 네 번째로 큰 도시이기도 하다. 베른 거리는 12세기에 아레 강Aare으로 둘러싸인 언덕 위에 군사적 요새로 처음 건설됐고, 1831년에 베른 주의 주도가 됐고, 1848년부터 스위스의 수도가 됐다.

베른 주의 고지대 베르너 오버란트 지방에서 약 20km 북측에 위치하고 있어서 청명한 날이면 베른 시내에서 융프라우 주변의 알프스를 볼 수 있다. 시 주변은 빙하에 의해 형성된 아레 강으로 둘러싸여 있어서 스위스다운 정말 아름다운 도시라 할 수 있다.

베른은 1983년에 구시가지 전체가 스위스에서는 처음으로 유네스코 세계문화유산으로 등록되면서 새삼 관광지로서 매력이 높아졌고, 이곳에 머무르는 외국인 관광객 또한 과거 10여 년 전에 비해 50% 이상 증가했다고 한다(www.bern.com).

구시가지 마르크트 거리를 주행하는 트램, 베른의 명물 아케이드

구시가지 대부분의 건물들은 자연색의 사암砂岩을 사용하고 있으며, 색을 다시 칠할 수가 없다. 역사적 건물로 지정되면 개수할 때 지역주민의 동의를 받아야 될 만큼 시가 건축물의 개축과 역사적 건축물의 보존을 일관된 도시계획 차원에서 관리하고 있기 때문이다. 또한 이러한 노력이 있었기에 베른은 유럽에서 중세 도시의 모습을 가장 잘 간직하는 도시가 될 수 있었다.

유럽에서 가장 긴 아케이드와 분수, 그리고 트랜짓 몰

베른 중앙역에서 구시가지의 감옥탑으로 이어지는 슈피탈 거리를 처음 나서면 역사적 건축물과 아케이드Arcade, 그리고 중앙에 분수탑이 인상적인 중세 거리와 마주치게 된다. 그리고 뷴데스 광장과 연방의사당, 시계탑까지 이어지는 구시가지 중심 마르크트 거리와 골목들을 무심코 걸으면 다양한 모양의 분수를 보게 된다.

16세기에 만들어져 베른에만 수십여 개가 있다고 하고, 그중 11개 분수는 역사적이고 전설적인 인물을 묘사해 베른의 트레이드 마크가 되고 있다. 그 당시 분수는 시민들이 모이는 장소가 됐고 공동체 의식을 갖게 했다고 하니, 수백 년 역사의 무게가 느껴진다.

베른 중앙역 앞 광장의 트램과 버스환승센터

시내 한가운데 위치한 베른 중앙역

특히 유럽에서 가장 긴 6km의 석조 아케이드 라우벤Lauben에는 고풍스런 상점가와 레스토랑 등이 즐비하고 활력이 넘친다. 현재는 구시가의 아름다움을 한껏 살리고 아케이드 거리는 오랜 역사와 전통을 간직하면서 트랜짓 몰Transit mall이 되어 트램이 운행되고 있다. 베른에 살았던 아인슈타인은 베른을 더없이 사랑했고, 비오는 날도 젖지 않고 거리를 다닐 수 있는 이 아케이드의 편리성을 극찬했다고 한다.

그 외 또 하나의 베른의 랜드마크가 되고 있는 것은 1530년부터 쉼 없이 움직이고 있는 치트글로게Zytglogge 시계탑이다. 매시 정각까지 펼쳐지는 곰 인형 퍼레이드와 종치는 모습을 보기 위해 많은 관광객이 몰리고 세계적으로 유명하다. 또한 고딕 양식으로 건축된 베른 대성당의 103m 첨탑은 스위스에서 가장 높고, 344개 계단을 오르면 전망대에서 아름다운 아레 강과 구시가지 전경을 한눈에 볼 수 있다.

지속가능한 교통전략, 대중교통 이용률 상승

최근 베른주에서 운수 부분의 CO_2 배출량을 감소하기 위해 시행하고 있는 교통유발 대책을 간략히 소개하고자 한다. 이 수요관리모델Fahrleistungs modell은 신규 쇼핑센터 개발 등 대규모 프로젝트로 인한 유발 교통량을 억제해 환경적으로도 대기 질과 공간계획의 목표를 달성하려고 한다.

베른의 트레이드 마크가 된 분수탑

베른은 트램, 버스와 전철 등 대중교통 수단분담률이 35% 이상으로 높다

베른 주에서는 승용차 통행의 증가율이 2000년 대비 2015년에 8%(130만 Km/일)를 넘지 않게 보전 목표를 설정하고 있다. 이 가운데 절반 정도가 대규모 프로젝트에 의해 유발되는 통행으로 보고, 1일 승용차 통행발생량이 2000대가 넘는 신규 프로젝트의 경우, 크레디트 총량에서 허용량을 얻지 못하면 허가되지 않는다. 또 모니터링을 하여 이에 충족되지 않으면 경영자에게 주차장 과징금을 부과하고, 별도 대중교통을 정비하는 조치를 취하게 된다.

베른은 트램, 버스, 전철 등 대중교통 분담율이 35% 이상으로 매우 높은데, 이는 트램과 버스의 우선주행 시스템으로 운행시간을 일정하게 유지할 수 있기 때문이다. 그리고 승차권 1장으로 목적지까지 1시간 이내에는 횟수에 관계없이 환승할 수 있어서 대중교통 이용률을 높일 수 있다는 점에서 시사하는 바가 크다.

시내 한가운데 위치한 베른 중앙역, 역전 광장의 대중교통환승센터

베른 시내 한가운데 위치한 중앙역(반호프)은 지난 2003년 말 역사 보수공사를 완성해 현대적 역사에는 상점가도 입점시키고, 철도망개량계획Bahn(2000)에 따라 서측 입구의 보행자통로가 개설됐다. 유럽 각 도시로 연결되는 철도망은 파리 TGV 4.5시간, 프랑크푸르트 ICE 3.5시간, 밀라노 EC 4시간 등 철도 이용의 편리성이 매우 높다. 그리고 지하에는 2012년 베른 S-Bahn 13개 노선이 베른 주의 광역권을 연결하고 있다.

베른의 대중교통수단은 모두 붉은색으로 디자인돼 있다. 특히 아름다운 구시가지와 트램이 어우러져 현대적인 감각으로 도시를 한층 더 활기차게 만들고 있다. 베른의 트램은 1890년부터 운영하기 시작해 현재 총 5개 노선에 1m 협궤로써 운행길이는 33.4km, 정류장은 71개에 이르러 베른 시민의 대표적인 교통수단으로 자리매김하고 있다.

무엇보다도 '베른이 대중교통 중심 도시구나'라는 인상을 각인시켜주는 것은 역시 베른 중앙역 앞 광장의 대중교통환승센터이다. 이 센터는 'UEFA 유로 2008' 개최에 맞춰 부벤베르크 광장의 개편과 지하도를 철거해 재개발됐다. 보행자를 위한 도시답게 유니버셜 디자인과 캐노피를 설치하고 트램과 버스정류장을 새롭게 개편했는데, 보고 있으면 매우 부러운 느낌이 드는 환승센터였다.

유럽에서 가장 긴 석조 아케이드 라우벤, 트랜짓 몰

아름다운 풍경을 만끽하는 자전거 축제 'Slow Up'

매년 4월부터 6개월간 봄 가을의 기분 좋은 계절이 되면, 스위스 전역의 경관이 아름다운 도로 구간에서는 자전거 릴레이 축제 슬로우 업Slow Up이 거의 매주 개최된다. 이 행사는 2000년부터 시작돼 유럽 전역에 널리 알려져 있다. 행사 당일 약 30km 구간의 자동차 통행을 제한하고 자전거와 인라인 스케이터들에게 청명한 자연과 여가를 즐기게 하고 있다.

올해는 스위스 가장 남부에 있는 아름다운 지역 티치노Ticino에서 4월 6일 행사가 시작됐고, 9월 28일까지 전국 20개소에서 연간 50만 명이 참가해 성황리에 마쳤다(www.slowup.ch).

특히 스위스의 주요 철도역을 비롯해 약 150개소의 역과 숍에서 자전거를 쉽게 빌릴 수 있는 것이 강점이다. 홈페이지(www.rent-a-bike.ch)를 통해 사전 예약할 수 있으며, 자전거는 MTB를 비롯해 탠덤tandem(2인용 자전거), 전기자전거, 어린이용과 장애자용 자전거까지 다양하게 준비돼 있다.

베른에서도 베른 중앙역을 비롯해 시내에 자전거를 빌릴 수 있는 벨로스테이션velostation이 4군데 있다. 5월부터 10월까지는 시내 구간의 경우에는 신분증과 보증금 20유로를 맡기면 무료로 자전거를 이용할 수 있다. 다시 방문할 기회가 된다면 꼭 자전거 투어를 하고 Slow Up 축제의 슬로우 교통의 즐거움과 스위스의 수려한 풍경을 다시 만끽했으면 한다.

세비야

Sevilla

역사와 공존하는 트램, 스페인의 지속가능 도시

중심 시가지의 보행자전용도로나 트랜짓 몰은 자동차 교통의 환경 부하를 줄이고 쾌적한 보행환경과 도심재생을 위한 지속가능한 도시 교통의 적극적인 해답이 될 수 있다. 세계에서 제일 큰 세비야 대성당의 역사적인 가로에 트램의 성공적인 도입으로 스페인 남부의 투우와 플라멩코의 본고장인 대표적인 관광도시가 활기를 되찾고 있다.

스페인 남부의 아름다운 관광도시 세비야

스페인 남부의 투우와 플라멩코Flamenco의 본고장 세비야Sevilla는 스페인 네 번째 도시로 안달루시아Andalucía 주의 정치, 경제, 문화의 중심지이자 스페인을 대표하는 관광도시다.

스페인에서 다섯 번째로 긴 과달키비르 강Guadalquivir을 따라 대서양으로부터 세비야까지 선박이 운행되고 있는 내륙형 항구도시로서 다른 유럽 도시에서는 찾아볼 수 없는 남국의 독특한 정취를 느낄 수 있다. 전형적인 지중해성 기후로 여름에는 거의 비가 오지 않고 찌는 듯한 태양이 내리쬐어 필자가 방문했던 8월 초순에도 거리는 관광객을 제외하면 정말 한산한 느낌이 들 정도였다.

세비야는 1992년 엑스포를 개최하며 세계적인 대도시로서 지명도를 높이게 되었고, 이를 계기로 매년 세계 규모의 각종 이벤트를 열며 시선을 끌고 있다.

세계문화유산 세비야 대성당

세비야는 15~16세기에 학문과 예술, 종교와 상업의 중심지로 명성이 높았다고 한다. 17세기부터 점차 쇠퇴하

스페인 남부 투우와 플라멩코 관광도시, 찌는 듯한 여름 태양을 피해 마차 관광을 한다

역사적인 가로를 달리는 트램을 2007년 성공적으로 도입하였다

시내의 중심부 트랜짓 몰 조성과 함께 설치한 공영자전거 SEVici

역사적인 세비야 대성당의 가로경관과 보행환경을 고려하여 조성된 트램웨이

였지만, 여전히 보수적인 안달루시아 지방의 거점 도시로서 명맥을 유지해오고 있다. 스페인을 지배했던 이슬람 문화의 수도답게 도시 곳곳에 그 당시의 뛰어난 종교 · 역사 건축물들이 그대로 잘 보존되어 있다.

바티칸의 성 베드로 대성당Basilica di san Pietro in Vaticano 다음으로 세계에서 두 번째로 큰 세비야 대성당(1402년에 건설을 시작하여 16세기에 완성)을 비롯하여 스페인 왕실의 알카사르Alcázar 궁전, 인디아스 고문서관은 유네스코 세계문화유산으로 등록되어 있다.

세비야는 모차르트의 오페라 '돈 조반니Don Giovanni'의 무대로도 유명하다. 이외에도 모차르트의 '피가로의 결혼'과 로시니의 '세비야의 이발사', 비제의 '카르멘' 등 여러 오페라의 무대가 되고 있다. 스페인 광장은 영화 '아라비아의 로렌스', '스타워즈 에피소드 2 - 클론의 습격'의 로케이션 장소가 되었고, 국내에서도 몇몇 CF의 촬영지가 되기도 했다.

역사적인 가로를 달리는 트램, 트랜짓 몰의 도입

트랜짓 몰은 대부분 중심 시가지의 메인 스트리트 등에 도입하여 일반 차량의 통행을 제한하고 보행자 · 대중교통수단에 도로를 개방하며, 보행자는 자동차에 신경 쓰지 않고 쇼핑 등을 즐길 수 있어 도심

상업적 기능의 활성화뿐만 아니라 보행자를 위한 새로운 공간 개념을 창출하고 있다.

세비아에서도 지난 2007년 10월 누에바 광장Plaza Nueva과 프라도Prado de San Sebastin 사이 1.4km 구간의 4개 역에 트램 운행을 개시해 트렌짓 몰을 도입하였다. 역사적인 세비야 대성당과 신교통수단이 공존하는 거리가 된 것에 대해 모든 시민들이 환호했다고 한다. 처음 계획 당시에는 여러 가지 문제가 겹치면서 사업 추진이 늦어졌는데, 그 가운데 가장 중요한 논점은 역시 세비야 대성당Catedral de Sevilla의 전면 가로경관을 어떻게 유지할 것인지에 대한 대책이었다. 대성당 전면 구간만 전차선을 없애고 가선 없이도 달릴 수 있는 무가선 트램(배터리 탑재된 차량)을 도입하고자 하였지만, 세비야의 여름 더위가 대단해서 배터리만으로 주행할 경우 기술적인 문제가 발생할 수 있다고 보고 개통 후에 검토하는 것으로 결정하였다. 또 다른 이유는 새로운 것에는 대체로 비판적인 세비야 시민들 사이에서 일반 차량이 통과할 수 없는 트랜짓 몰이 들어서는 것에 대하여 찬반의 다양한 논의가 있었다고 한다.

트램T1은 2량 1편성으로 세비야의 메트로Metro de Sevilla와 동일한 스페인 카프CAF(Construcciones y Auxiliar de Ferrocarriles)사가 제작한 저상차량이며, 250명까지 승차할 수 있다. 운행 시간은 아침 6시부터 새벽 2시까지 약 7분 간격으로 세비야 시내를 운행하며 버스회사 TUSSAM이 운영하고 있다. 운임은 1회 승차 시 1유로이고 각 플랫폼의 판매기에서 표를 구매할 수 있으며 버스 회수권BONOBUS으로도 승차할 수 있다. 트램은 메트로 노선1과 직통 운행되고, 메트로는 교외까지 연장되어 세비야의 공항에도 연결되며, 총 4개 노선이 계획되어 있다

트램과 메트로 4개 노선과 연계 환승하는 뉴 프로젝트

메트로 네트워크에 대한 구상은 1970년대 후반에 이미 검토되었지만, 이를 건설 시 세비야에 산재된 역사적인 건물이 손상될지도 모른다는 의견에 따라 1983년 중단되었다. 하지만 대중교통 정비의 필요성을 재인식한 세비야 정부는 1990년대 후반에 일부 구간을 노상으로 계획을 변경하여 재추진하게 되었다.

현재 메트로 센트로T1라 불리는 트램은 5개 역이 개통되어 있고, 2009년 4월 개통된 메트로 1호선을 포함 전체 4개의 노선은 세비야의 대도시권 1500만 명이 이용할 수 있도록 세비야 Metro Corporation에 의해 새로운 프로젝트로 계획되고 있다.

유럽에서 가장 큰 고딕 양식의 세비야 대성당, 알카사르, 인디아스 고문서관 이 세 건축물은 유네스코 세계유산이다

- Line 1 : West-Southeast 노선, 2009년 4월 개통, 22개 역, 연장 18km.
- Line 2 : West-East 노선, 지하로 운행, 2017년 예정, 18개 역, 연장 13.4km.
- Line 3 : North-South 노선, 지하로 운행, 2017년 예정, 17개 역, 연장 11.5km.
- Line 4 : 순환노선, 지상으로 운행, 2017년 예정, 24개 역, 연장 17.7km.

커뮤니티 바이크 시스템 'SEVici'

시내 중심부에는 보행자를 위한 도시공간 창출을 위해 일부 구간을 제외하고 차량 진입을 금지하는 트랜짓 몰을 조성하여 노면전차와 자전거, 그리고 보행자 천국이 된 깨끗한 관광도시 세비야로 탈바꿈하였다. 여기서 큰 몫을 하는 것이 2007년 4월에 도입된 커뮤니티 바이크 프로그램 'SEVici'다.

커뮤니티 바이크는 세계적인 반향을 일으키며 자동차 배기가스 오염과 교통체증으로 고민하는 유럽을 중심으로 세계 여러 나라의 대도시들이 앞다퉈 시행하고 있는 프로그램으로, 스페인에서는 2007년 바르셀로나와 세비야가 처음 시행하였다.

커뮤니티 바이크 시스템 관리는 세비야 시와 광고회사 제이씨데코JCDecaux에서 하고 있으며, 회원가입 없이 자전거 보관 키오스크에서 1주일 패스(5유로)를 구매하거나 세비야 시에 연간회원으로 가입(10유로)해 처음 30분간은 무료로 이용하고, 이후 1시간은 연간회원은 0.5유로, 주간회원은 1유로에 자유롭게 이용할 수 있다(http://en.sevici.es).

도시교통수단 가운데 커뮤니티 바이크 분담률은 8.9%에 이르게 되었고, 250개 이상의 키오스크에 자전거 2500대를 대여할 수 있다. 자전거 보관소는 도시 내에 200m 간격으로 설치되어 대중교통 역과 연계 환승할 수 있도록 배치되어 있다.

스페인 남부의 가장 오래된 투우장 세비야 마에스트란사 투우장

밀라노

세계박람회 EXPO 2015 개최한 문화예술도시

밀라노는 이태리 북부의 문화예술도시답게 많은 볼거리를 자랑하고 있다. 고딕 양식의 가장 큰 규모의 밀라노 두오모, 산타 마리아 델레 그라치에 성당, 그 안에 있는 레오나르도 다빈치의 최후의 만찬, 스칼라극장, 비아 몬테나폴레오네 패션거리 등 역사와 예술이 공존하는 매력적인 도시이다. 이곳에서는 2015년 5월부터 6개월간 '엑스포 밀라노 2015'가 개최돼 세계인의 이목을 집중시켰다.

세계 패션의 중심지 문화도시

밀라노Milano는 이탈리아 북부의 최대 도시로, 금융과 제조업 등 많은 대기업 본사가 있는 경제의 중심지다. 인구는 2015년 현재 134만 명이며, 광역도시권은 320만 명으로 로마보다 많아서 이탈리아 최대의 대도시권을 형성하고 있으며, 문화적으로 매우 유서가 깊은 도시다.

밀라노의 상징적인 대성당과 두오모 광장에서부터 수많은 관광객들의 여행이 시작되는데, 유명한 쇼핑 아케이드 갈레리아 빅토리오 에마누엘레Ⅱ를 들러보고, 가까이 있는 명품 거리 몬테나폴레오네 거리, 산탄드레아 거리 등을 거닐게 되면 세계패션도시 밀라노의 매력적인 모습을 한눈에 직접 느낄 수 있다.

현대적이면서도 고딕 양식을 가진 큰 규모의 두오모를 중심으로 한 세계적인 오페라 하우스인 스칼라극장, 밀라노를 대표하는 브레라 미술관, 다빈치코드로 유명한 산타 마리아 델레 그라치에 성당 등 역사지구에는 무척 다채로운 역사적 건축물과 꼭 봐야할 곳들이 산재해 있다.

밀라노 중앙역을 중심으로 방사형으로 이어지는 간선도로

두오모 광장에서 스포르체스코 성까지 이어지는 보행몰 단테 거리(Via Dante)

엑스포 밀라노 2015

밀라노 엑스포Expo Milano 2015는 2015년 5월 1일부터 10월 31일까지 북서쪽 로 피에라Rho-Fiera에서 성황리에 개최됐다. 이번 밀라노 엑스포는 '지구의 식량, 생명의 에너지Feeding the Planet, Energy for Life'를 주제로 140개 국에서 참여했다.

현재 수많은 사람들이 지구상에 살고 있지만, 모두 안전하고 질 좋은 식생활을 향유하고 있다고 볼 수 없다. 이를 위해 지속가능한 식량 생산, 슬로푸드 운동 등 앞으로 어떻게 해야 할 것인지에 대해 7가지 주제로 진행됐다.

110ha에 이르는 엑스포 회장에는 총 57개 국가별 전시관이 설치됐으며, 한국관은 '한식, 미래를 향한 제안: 음식이 곧 생명이다'를 주제로 설치돼 한국 고유 음식을 알리는 계기가 됐다. 한식당에서는 비빔밥과 전통한식을 즐기고, 전시된 365개 옹기와 전통적인 장醬의 발효 과정을 보여주면서 전 세계 관람객을 맞이하였다.

이탈리아 거점 밀라노 중앙역과 대중교통체계

밀라노 중앙역Milano Centrale은 24개 플랫폼에 로마 테르미니 역에 이어서 이탈리아에서 두 번째로 많은 1일 약 32만 명이 이용하는 유럽에서 손꼽히는 아름다운 역 중 하나이다. 그리고 유럽의 인접 도시인 베른, 제노바, 취리히, 파리, 비엔나, 바르셀로나, 뮌헨 등으로 국제열차가 운행되고, 도시고속철도망 및 지하철 M2, M3와도 연결되는 거점역이다.

메트로Metro로 불리는 밀라노 지하철은 1964년 1호선이 개통된 이래 2015년 현재 M1, M2, M3, M5 4개 노선에 총연장 100km, 역수는 110개 역에 이른다. 1일 117만 명으로 이용객이 많으며, M1 1.8km 연장과 M4호선 15.2km를 건설 중에 있다. 그 외에도 총 영업거리 403km에 이르는 14개 S노선 및 버스와 트램 등 연계교통체계가 잘 갖춰져 있다.

이처럼 잘 갖춰진 대중교통 네트워크로 인해 밀라노 EXPO 2015 수송대책을 무난히 처리할 수 있었다고 본다. 구체적으로는 우선 지하철 1호선(Red)의 뉴피에라 밀라노Rho Fiera Milano 종착역까지 시내 두오모 광장에서 약 25분으로 접근성이 양호하다. 그리고 교외철도로는 S5-S6, S14와 S11과 연결되고, 엑스포 기간에는 시티투어 버스를 비롯해 주변 대규모 주차장에서 셔틀버스를 운행하는 등 어느 국제 박람회 못지않게 교통대책이 매우 양호한 것으로 평가받았다.

유럽에서 가장 아름다운 역으로 알려진 밀라노 중앙역 앞

밀라노 중앙역, 두오모 등 대표적인 명소를 운행하는 가장 오래된 트램

두오모 광장 한가운데 있는 이탈리아를 통일한 엠마누엘레 2세 기마상

밀라노를 상징하는 대성당은 높이 157m, 너비 92m, 135개 탑의 웅장한 규모이다

혼잡통행료 제도 'Area C' 도입

밀라노는 지난 2008년 1월, 런던에 이어 유럽에서는 두 번째로 에코패스Ecopass 혼잡세 제도를 도입했고, 2012년부터는 Area C로 지정된 역사지구 중심부인 약 8km² 내부순환도로Cerchia dei Bastioni 진입 시 혼잡통행료Congestion Charge를 징수하고 있다. 티켓은 주차미터기나 길거리의 신문 가판대 등에서 구입할 수 있다. 운영시간은 월·수·금요일 7:30~19:30, 목요일 7:30~18:00이다. 요금은 1일 5유로, 주민은 2유로 정액권 등 다양하고 유입 포인트 43개소에 설치된 카메라에서 차량의 번호판과 차종을 식별하며 감시하고 있다(www.areac.it).

대기오염이 심한 밀라노에서 일찍이 혼잡통행료를 도입한 목적은 시내 유입 교통량을 줄여서 대중교통망을 확충하고 징수한 요금은 자전거도로, 보행구역, 존30 등에 투자하고 교통사고, 소음 및 대기오염을 줄여서 지속가능한 교통 환경을 만드는 것이다. Area C 시행으로 차량통행이 줄어 환경 개선과 도심 정체 해소 등 시행 효과가 매우 컸고, 이러한 성과를 인정하여 2014년 세계교통포럼ITF에서 교통 최고 도시로 수상한 바 있다(2014 Transport Achievement Award).

공영자전거, 카셰어링 서비스 이용자 증가

밀라노는 지난 2008년 12월에 유럽 여러 도시와 마찬가지로 공용자전거 'BikeMi'를 도입했다. 2015년 현재 300m 이내에서 이용 가능하도록 241개 자전거 역에 3600여 대의 자전거를 확보하고 있어서 역 근처 및 역사지구 내에서 'Expo 2015' 광고가 새겨진 자전거를 쉽게 볼 수 있다(www.bikemi.com).

카셰어링의 경우 밀라노 교통공사ATM에서 운영했으나 2013년 민간회사에도 개방해 카투고Car2go는 일 년 만에 1만5000명이 등록한 바 있다. 그 외 6개 회사의 전체 이용자는 20만 명에 이르러 이탈리아에서 가장 큰 규모로 카셰어링 서비스가 급속도로 확산되고 있는 추세이다.

이처럼 밀라노는 도심(Area C) 혼잡통행료 수입을 대중교통과 공용자전거 등에 사용하여 도심 교통 환경 개선에 크게 기여했다.

고딕 양식으로 가장 큰 규모 밀라노 두오모, 이곳에 설치된 NO.1 공용자전거 BikeMi

이탈리아 통일의 영웅 가리발디 장군 동상, 뒤에 밀라노 스포르체스코 성이 보인다

스트라스부르

역사도시의 지속가능한 교통전략

프랑스 알자스 지방의 고도 스트라스부르는 2000여 년의 역사를 지닌 아름다운 도시로서 도심 환경 문제를 해결하기 위해, 이미 1992년부터 차선을 좁혀서 도로 통행량을 줄이고 그 대신 트램웨이와 자전거도로를 정비하는 등 일련의 교통전략 패키지를 성공적으로 추진해 왔다. 그리고 트랜짓 몰은 도심 환경 재생을 위한 시민의 합의 형성과 리더십, 시책이 성공의 열쇠가 되었다.

2000여 년 역사를 지닌 도시

스트라스부르Strasbourg는 파리의 동쪽 약 450km, 독일 국경이 되는 라인강Le Rhin변에 위치하며, 인구는 약 45만 명, 주변의 28개 코뮌Commune을 포함한 광역도시권의 인구는 76만 명이 되는 알자스 지방의 중심 도시다.

스트라스부르의 도시 역사는 기원전 12세기로 거슬러 올라간다. 중세 로마제국의 한 도시로서 번영한 후, 16세기에는 종교개혁의 중심지이자 구텐베르크가 활판인쇄를 발명한 곳이기도 하고 새로운 사상의 발신지로 활약했다.

건축가 르 꼬르뷔제가 "스트라스부르는 아주 잘 성장한 도시다"라고 칭송한 것처럼 2000여 년의 역사를 지닌 아름다운 도시이며, 노트르담 대성당과 로앙 궁전이 있는 옛 시가지는 1988년 유네스코의 세계문화유산에 등록됐다.

현재는 유럽의회Parlement europé, 유럽인권재판소Cour européenne des Droits de l'Homme 등 EU의 중심 도시로서 중요한 지위를 차지하고 있으며, 2007년부터 TGV가 개통돼 파리-스트라스부르 간 소요시간이 2시간 30분 이내로 줄어들었다.

스트라스부르 중앙역(TGV) 광장은 지상에 넓은 잔디보행광장과 지하 주차장으로 정비됐다

도시권교통계획 PDU와 트램웨이의 시도

다른 서유럽의 도시와 마찬가지로 스트라스부르도 트램이 도입되기 전인 1988년 기준 승용차 수단분담율이 73%에 이르러 실제 대중교통 이용률이 매우 낮은 편에 속했다. 그리고 운하로 둘러싸인 도심의 중앙을 남북으로 펼쳐진 도로가 지나면서 1일 5만 대의 차량이 유입했고 그 가운데 40%는 통과 교통이 차지하고 있었다.

이러한 교통문제를 해결하기 위해 결국 1989년 카트린 트로트만 시장이 역사적인 옛 도심부의 화물차 통행제한과 통과교통의 억제 및 트램웨이 도입 등 일련의 교통정책을 전략적으로 펼쳤다.

스트라스부르의 PDU도시권교통계획는 트램웨이 네트워크의 정비를 바탕으로 2000년에 입법화됐으며 주요한 목표를 살펴보면 다음과 같다.

- 도심부의 자동차 정체현상 해소와 지역적 소음 사고 등 환경오염의 감소
- 보행자 공간 확대, 공공장소에 만남, 휴식, 문화의 공간으로 보행광장 조성
- 도시 주변 거주지역부터 시내 중심부와 타 지역으로의 대중교통 접근성 향상
- 자전거의 이미지 개선 및 이용 활성화

2000여 년 역사를 지닌 스트라스부르 구시가지로 들어서는 중심광장

구시가지의 트램 트랜짓 몰, 세계적인 성공 사례로 평가되고 있다

• 지역의 환경오염 물질 배출, 온실효과로 인한 가스 배출 삭감
• 장애인, 특히 휠체어 사용자나 시각장애자의 이동권 보장
• 교통수단 간 환승 및 이동 편의성 확보
• Car sharing 권장, 카풀, 합승택시 등

도심 교통순환체계 도입 및 트램웨이 설치

이 도시교통전략의 기본 원칙은 시내 중심가를 향하는 도로의 교통 소통을 원활하게 하는 것이 아니라, 대중교통을 이용해 도심 접근성을 높이고 자동차가 접근하기에 불편하도록 만들었다. 그 결과 운전자들이 이동 경로를 변경하고 각 교통수단 간의 연계를 고려해 사무실과 거주지까지의 교통수단을 바꿈으로써 시내 중심가를 향하는 도로 교통량의 감소를 유도했다.

1992년 2월 24일, 도심을 관통하는 방사상 간선도로에 트램웨이Tramway를 설치하고 도심으로 들어가는 자동차는 우회도로나 순환하는 고속도로망A35을 이용하게 했다. 이러한 순환방식의 도입은 도시권 우회고속도로의 건설이 마무리되는 시기에 맞춰 실시됐다.

도심을 관통하는 방사상 간선도로에 트램웨이를 설치하고 자동차는 우회도로를 이용한다

스트라스부르에 있는 유럽연합(EU)의 입법기관인 유럽의회 건물이 멀리 보인다

보행자 공간 확대와 자전거 이용 촉진

상점가의 좁은 도로나 관광의 중심이 되는 노틀담 사원 앞 광장에서는 이전부터 보행자 공간이 형성됐지만, 간선도로의 차단에 따라 1일 2만5000대가 통과했던 간선도로도 트랜짓 몰Transit Mall이 됐다. 또한 평면주차장으로 사용됐던 도심 중앙의 클레베 광장도 보행자 공간으로 재생됐으며, 광장 지하는 자동차와 자전거 주차장이 됐다. 자전거 이용을 촉진하기 위한 자전거 네트워크의 정비와 전용도로 확충 등의 교통전략이 긍정적인 평가를 받았다.

자전거전용도로와 자전거용 역주행 차선 6.4km를 포함해 500km 이상의 자전거도로를 확충하고 있으며, 공영자전거 Vélhop를 도입 운영중에 있다. 또한 자전거 주차시설도 중요하다고 생각했다. 이에 주로 노상이나 광장에 설치되는 것이 많기 때문에 묶어두는 자물쇠 그라바쥬를 만들고, 아치형 자전거 보관소인 벨로파크Veloparcs를 통해 도난을 방지하고, 대부분의 건물 내에 주차 공간을 확보토록 했다.

지난 2007년 테제베TGV가 운행되는 스트라스부르역 광장 지하에는 자전거 850대를 보관할 수 있는 주차장을 만들고 자전거 대여 서비스도 이루어지고 있다.

트랜짓 몰, 대중교통 서비스 증대

교외와 도심을 연결하는 트램웨이 계획은 여러 교통전략 패키지 가운데 처음으로 1994년 12월 건설됐다. 이는 도심부의 교통문제 해결과 도심재생, 잔디 궤도와 혁신적인 차량 디자인 등 도시의 경관 형성 측면에서 세계적으로 아주 성공적인 사례로 평가되고 있다.

2013년 현재 6개 노선(A~F노선) 총연장 57.5km, 72개 정류장(총 연장 57.5km)에 하루 이용객은 약 30만 명으로, E노선만 제외하고 도심의 옴므 드 페르Homme de Fer에서 교차하고 있다. 교외의 서측방향으로의 SNCF의 노선과 트램이 직통 운전할 수 있는 트램 트레인Tram-Train이다.

한편 스트라스부르의 시내 교통의 경우, 스트라스부르교통공사CTS에 의해서 트램과 버스 전 노선이 일체가 돼 상호보완적 역할을 하며 운영되고 있으며, 최소한 300~400m마다 버스정류장이나 트램역이 있어 편리한 대중교통 서비스를 제공하고 있다.

알자스 전통의 특별한 분위기를 지니고 있는 구시가지, 작은 프랑스(Petite France)

도시교통전략과 패키지 어프로치의 성공 열쇠와 전망

스트라스부르 도심의 트랜짓 몰은 보행자가 우선시되고, 인간적인 활력을 연출하는 일련의 교통전략 패키지로서 매우 성공적이었다. 이러한 성공의 열쇠는 무엇보다도 1989년 사업에 뛰어든 카트린 트로트만 시장의 리더십에 있고, 모든 합의 형성과 시책이 일체적으로 추진될 수 있었던 것은 도시권교통계획PDU의 강력한 집행을 위한 국가의 보조와 교통세의 특별 과세권 등이 뒷받침됐기 때문에 통합 패키지를 4년이라는 아주 단기간에 완료시킬 수 있었다고 한다.

스트라스부르는 대중교통의 개발계획(2008-2014년)에 따라 트램웨이를 연장하고, 트램이 국철 선로와 직통 운전할 수 있는 Tram-Train 계획 등이 지속적으로 추진될 예정이어서 도심환경 재생을 위한 교통전략이 성공한 도시, 유럽의 대중교통 중심의 지속가능 도시로 남게 될 것이다.

미네아폴리스

세계 최초의 니콜렛 몰과 스카이웨이

미네아폴리스의 도심 니콜렛 몰은 1967년 처음으로 버스전용 트랜짓 몰로 조성돼 유명하다. 그리고 69개 블록, 총연장 13km를 연결하고 있는 스카이웨이Skyway는 추운 도시에서 보행접근성을 크게 향상시키고 있다. 이러한 정비 사례가 드물고 시행 효과도 높아서 미네아폴리스의 중심 시가지는 세계적으로 오랫동안 주목받아왔다.

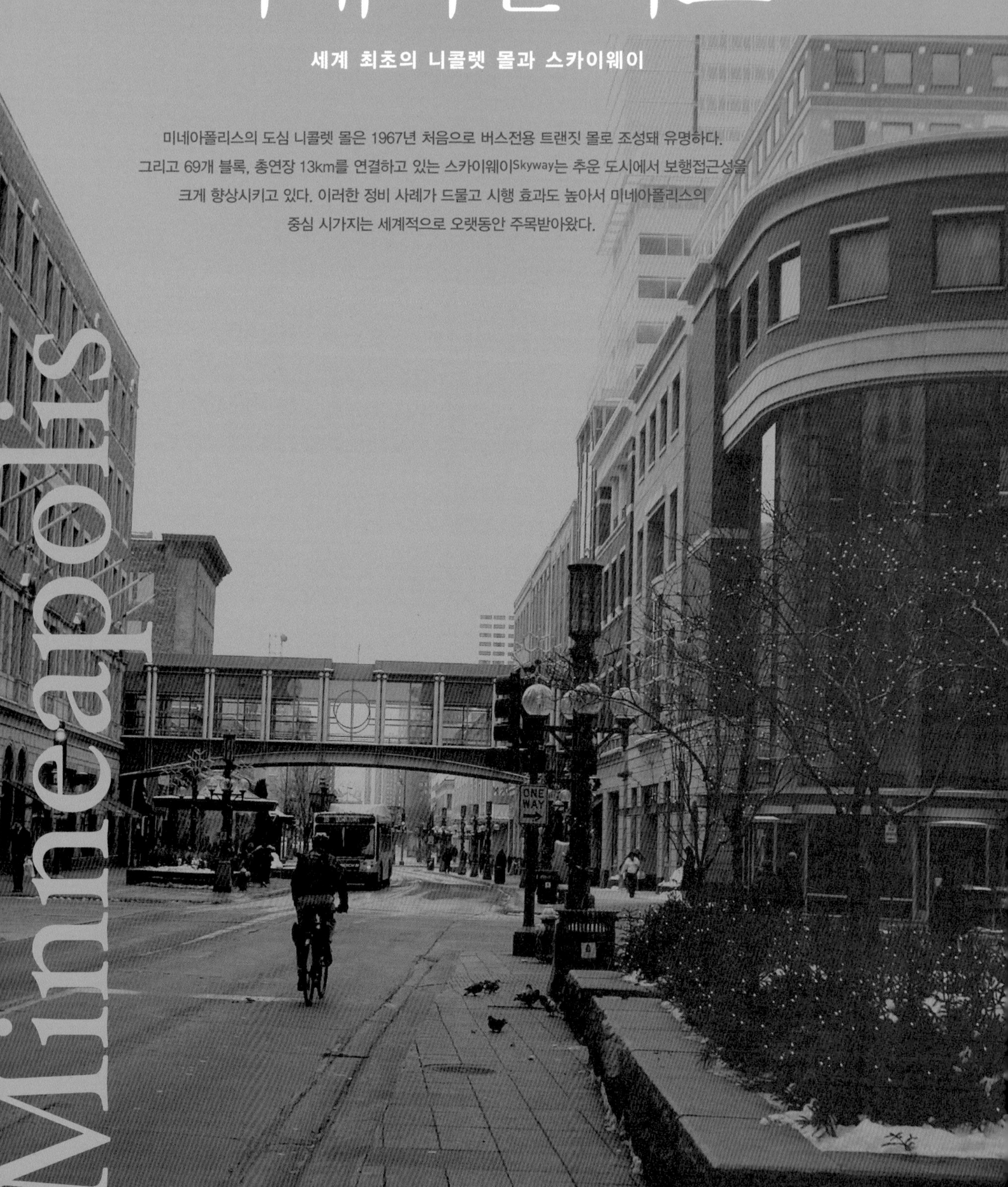

미네아폴리스, 세인트폴과 함께 트윈시티

미네아폴리스Minneapolis는 미국 미네소타 주 동부에 위치하는 주 최대의 도시로서, 동쪽에 인접한 주의 행정 중심 도시인 세인트폴Saint Paul과 함께 트윈시티Twin Cities로 불린다. 미네아폴리스의 인구는 40만 명이며 미네아폴리스와 세인트폴 중심의 광역도시권은 약 350만 명으로 전미에서 13위 규모의 도시다. 그리고 미네소타 강이 미시시피 강과 합류하는 지점의 북측에 위치하고 있어서 전체면적 151.4km² 중 9.1km²가 수면으로 물이 풍부하며, 20여 개의 호수들과 미시시피 강이나 다수의 좁은 강들이 흘러 'City of Lakes 미네아폴리스'로 불리고 있다.

미네아폴리스의 주산업은 전통의 제분을 비롯해 상업, 금융의 중심지이며, 운수, 보건, 제조업, 출판 등이 발달해 있다. 그리고 미네소타대학교(1851)가 교육의 중추 역할을 하고, 미네아폴리스 교향악단의 근거지가 되는 등 문화 교육 수준이 매우 높으며, 150개 이상의 공원 시스템은 설계, 재원, 유지 등 전체부문에서 미국에서 최고로 평가되고 있다.

시내 중심부 트랜짓 몰인 니콜렛 몰Nicollet Mall과 함께 고층 빌딩군이 밀집한 블록을 연결하는 스카이웨이Skyway는 거대한 전천후형 옥내 도시를 형성하고 도심 활성화로 이어진다.

미네소타 주 최대의 도시 미네아폴리스 시내 전경, 세인트폴과 함께 트윈시티로 불린다

세계 최초 트랜짓 몰인 니콜렛 몰

중심시가지의 니콜렛 몰은 1967년 처음으로 버스전용 트랜짓 몰로 조성돼 세계적으로 유명하다. 몰의 총연장은 1.3km로 13가구에 걸쳐서 있으며, 차도는 폭이 7.3m에 2차선으로 차량속도를 억제하기 위한 완만히 굴곡진 시케인chicane으로 조성돼 있다.

버스와 택시. 그리고 긴급차량만이 통행할 수 있고 주변에 공용주차장이 많아서 버스 환승이 가능하도록 설계돼 있다. 특히 양측의 보도는 폭 5~10m, 자연석의 보도와 가로등, 분수, 조각, 시계탑, 휴게공간 등의 다양한 도로시설물Street Furniture이 잘 갖추어져 있고, 버스정류장의 경우 추운 도시답게 실내형으로 만들어져 독특한 미관을 형성하고 있다.

이곳 또한 1950~1960년대에 어느 도시에서나 볼 수 있었던 도심공동화 현상이 나타났고 도심재생이 필요했는데, 일반차량의 진입을 금지시키기 위해 주 조례를 개정해야 했고, 민원조정 등으로 이 사업이 완성되기까지 약 12년이 걸렸다고 한다.

일반적으로 트랜짓 몰Transit Mall이라고 하면 대중교통, 보행환경 등 도심교통 여건을 개선하는데 유효한 시책으로 노면전차LRT, Tram의 일반적인 이미지가 있지만, 이 니콜렛 몰은 도심의 버스전용지구이고 스카이웨이에 의해 주변 대규모 점포 등과 연계하여 접근성을 향상시킨 전 세계적으로 사례가 많지 않은 경우다.

Hiawatha 노선은 다운타운에서 국제공항을 거쳐 Mall of America로 연결되는 중요한 노선이다

미네소타에서 가장 인기 있는 스포츠 아이스하키, 미네소타 와일드의 홈구장 엑셀 에너지센터

세계적인 규모 스카이웨이 시스템, 도심 69개 블록 연결

공중보행통로Skyway는 스카이 브릿지sky bridge, 혹은 스카이웨이skywalk라고도 하고 대규모 단지나 아니면 캠퍼스 내에 설치된 예가 많지만, 여기서는 공로상 건물의 2층과 3층 등을 연결해 내부의 통로로도 활용하는 공공보행자공간을 의미한다. 연장이 가장 긴 곳은 캐나다 캘거리 Alberta's "+15 Walkway"system(16km)이 있지만, 미네아폴리스의 경우 총 69개 블록을 연결해 총연장이 13km에 이르러 규모적으로는 세계에서 가장 크다고 볼 수 있다.

이는 미네아폴리스가 북위 45도의 한랭지에 위치해 1년 가운데 거의 반년이 눈으로 덮여 있고 한겨울 평균기온이 영하 10도 이내이기 때문에 이러한 스카이웨이 시스템이 1962년에 처음 자연스럽게 조성되기 시작했다고 한다. 현재는 도심의 백화점, 호텔, 업무빌딩, 음식점, 은행, 영화관, 고층주택 등이 전체적으로 하나의 네트워크처럼 스카이웨이에 의해 연결돼 새로운 시장이나 생활양식을 창출하면서 거대한 전천후형 보행자중심 공간을 형성하고 있다.

실제 눈이 아주 많이 오거나 추운 날씨에도 밖에 전혀 나가지 않고도 쇼핑과 식사 등을 즐길 수 있어 보행자 측면에서는 아주 편리하다.

지난 2월 초 미네아폴리스를 방문했을 때도 눈발이 휘날리면서 바람도 불고 아주 추워서 거리는 한산했지만, 이 보행통로를 통해 실내에서 쇼핑을 즐기는 많은 사람들을 볼 수 있었으며 스카이웨이가 아주 편했다. 그러나 한 가지 신경 써야만 했던 점은 건물 내 통로를 따라서 이동해야 하기 때문에 처음에는 안내 사인을 주시하면서 방향감각을 익혀야만 했다.

미국에서 이용객이 가장 많은 쇼핑몰, Mall of America

미네아폴리스 세인트 폴 남측의 블루밍턴Bloomington에 입지하는 전미 최대급의 쇼핑 몰, 몰 오브 아메리카Mall of America는 1992년에 메트로폴리탄 스타디움의 철거지를 이용해 오픈한 세계에서 가장 이용객수가 많은 몰로 유명하다. 미네소타 주의 총인구의 8배에 해당하는 4000만 명이 이용하고 있으며, 총 연면적은 약 390만m^2로 그 중 25만7200m^2가 점포용 공간으로 사용되고 있어 점포수에서 전미 최대이고, 몰의 중앙에는 The Park at MOA로 불리는 옥내형의 테마파크가 있다(www.mallofamerica.com).

그리고 7층 건물의 입체 주차장이 몰의 동쪽과 서쪽에 약 1만3000대를 수용할 수 있고 주변 평면주차장을 합하면 약 2만 대 분의 주차공간을 확보하고 있다. 이러한 승용차 이용객 이외에 10여 개 버스 노선이 몰의 동측 주차장 빌딩 내 환승센터의 트랜짓 스테이션Transit Station에 있지만 버스 이용객이 그렇게 많지는 않다. 그러나 무엇보다도 도심과 미네아폴리스 · 세인트 폴 국제공항을 경유해서 이곳으로 연계하는 거대한 도시 개발의 축에는 하이어워사Hiawatha 노선의 경전철LRT이 큰 역할을 담당하고 있다.

특히 공항 이용객이 경전철을 이용하면 가깝기 때문에 공항터미널에서 쇼핑몰에 와서 쇼핑, 식사, 숙박, 컨벤션, 위락 및 레저시설 등을 이용하고 있어서 국제공항을 중심으로 한 도시 개발이 철도 노선을 이용해 상업적 중심축을 형싱해나갈 수 있는 역할을 보여주는 좋은 사례라고 볼 수 있다.

2015년까지 트윈시티를 운행하는 4개 LRT노선을 확충할 계획

미국의 여느 도시처럼 트윈시티 도시권에 있어서 주 교통수단은 승용차지만, 미네아폴리스는 시영의 메트로 트랜짓Metro Transit에서 미네아폴리스 · 세인트 폴 양 도시와 그 주변을 운행하는 132개 버스노선 등 비교적 대중교통이 잘 정비돼 있다.

또한 2개 LRT 노선 가운데 하이어워사Hiawatha 노선Blue line은 다운타운에서 국제공항을 거쳐 몰 오브 아메리카를 연결하는 매우 중요한 노선으로 2004년 6월에 개통해 19개 역에 총연장은 19.3km이다. 그리고 이 Blue 노선 종점인 타깃필드Target Field역은 지난 2009년 11월 북쪽 방향 교외노선인 노스스타 코뮤터Northstar Commuter 노선과 환승할 수 있도록 완공돼 운영하고 있다. 센트럴 코리더 노선Green line은 지난 2014년 6월에 개통해 도심 Blue 노선의 다운타운 이스트Downtown East, 메트로돔 역Metrodome station과 연계되고 동측의 미네소타대학과 유니버시티 대로를 경유해 세인트 폴 도심지까지 트윈시티 두 개의 다운타운을 연결하고 있다. 마지막 Red 노선은 Blue 노선 종점 몰 오브 아메레카에서 다코다군 애플밸리Apple Vally까지 2013년 6월부터 BRT가 운행되고 있다.

세계적인 규모 스카이웨이, 69개 빌딩을 연결해 총연장이 13km에 이른다

눈이 많이 오고 춥기 때문에 시내 빌딩 내에는 보행자 중심 공간이 형성된 곳이 많다

10년 단위의 교통집행계획 Transportation Action Plan

미국에서 2번째로 자전거를 이용하는 통근자가 많은 미네아폴리스는 자전거도로가 잘 정비돼 있다. 자전거 이용자 수는 1일 평균 1만 명에 달한다고 하며, 공공사업부Pubulic Works Department는 그랜드 라운즈Grand Rounds 시닉크 바이웨이라고 하는 총연장 90km에 이르는 보행자 자전거 겸용의 커뮤터 노선망을 완성시켰다.

이 구간 이외에 미네아폴리스 시내에는 총 54km에 이르는 자전거용 차선이 설치돼 있다. 그리고 시에서는 노선버스나 LRT에 자전거를 실을 수 있도록 장치를 마련하거나 온라인으로 자전거도로 도면을 제공하는 등 자전거 이용을 촉진하고 있다. 지난 2007년 포브스Forbes 잡지는 시의 자전거도로와 대중교통을 높게 평가해서 미네아폴리스를 세계에서 가장 깨끗한 도시 5위에 랭크시키기도 했다.

미네아폴리스는 보행자와 자전거를 중심으로 보차도 디자인 가이드라인Street and Sidewalk Design Guidelines 등 ACCESS MINNEAPOLIS를 위해 지난 2005년부터 2008년까지 시민들과 각 전문가 그룹으로 구성된 자문위원 프로젝트조정위원회The Project Steering Committee를 통해 10년 단위 교통집행계획Ten Year Transportation Action Plan을 구체적으로 마련했다. 그 활동 상황을 모두 웹사이트에 공개하는 등 시에서 주도해 체계적으로 정비를 추진하고 있다(http://www.ci.minneapolis.mn.us/public-works/trans-plan).

시애틀

도시재생사업으로 활기찬 도시

세계 주요 도시들은 도시재생사업을 통한 경쟁력 확보에 총력을 기울이고 있다. 특히 미국은 도심공동화 현상이 심각하지만, 시애틀은 이미 오래전부터 다운타운의 지하버스전용터널과 무료승차구간을 운영하고 있고, 최근에 개통한 공항 연결 경전철과 최신형 노면전차 등 대중교통 중심 시스템 도입과 도심의 고밀도 주상복합건물의 개발 등 시내 중심부 활성화 정책으로 도시 경쟁력을 확보하고 있다.

미국 북서부 태평양 연안의 아름다운 에메랄드 시티

시애틀Seattle은 캐나다와 미국의 국경으로부터 약 100 마일 떨어진 워싱턴 주의 퓨젯 사운드Puget Sound 연안에 위치하며, 인구는 2012년 기준 64만 명으로 터코마Tacoma, 벨뷰Bellevue, 에버렛Everett 등을 포함한 도시권 인구가 340만 명에 이른다. 또한 미국 태평양 연안 북서부의 상업, 문화, 첨단 산업의 중심지이며, 태평양 연안의 나라나 유럽으로의 크루즈 여행, 무역의 중요한 항만 도시이기도 하다. 특히 바다와 워싱턴 호수Lake Washington, 내륙으로는 해발 2000m가 넘는 산맥으로 둘러싸여 자연이 아름다워서 에메랄드 시티Emerald City로 불리고 있다.

한편 시애틀에서 시작돼 세계적으로 유명한 브랜드가 많다. 세계 최대 항공우주회사인 보잉사The Boeing Company를 비롯해 스타벅스, Seattle's Best Coffee 등 다양한 커피 브랜드의 본사가 이곳에 있고, 시애틀 출신 빌 게이츠의 마이크로소프트Microsoft, 1994년 인터넷 서점으로 시작한 아마존Amazon 등이 있다.

Lake Union에서 바라본 시애틀 주거지 전경

도심의 도로정체를 없애기 위해 만들어진 버스 전용 터널, Downtown Seattle Transit Tunnel

성공적인 도시재생사업, South Lake Union 개발 계획

사우스 레이크 유니언South Lake Union은 시애틀 도심 북쪽 유니언 호Lake Union와 접하고 있으며 남쪽 경계선으로는 데니 웨이Denny Way, 동쪽의 5번 고속도로, 서쪽의 오로라 국도(국도 99, Aurora Avenue N.)와 연결돼 있다. 이곳에 워싱턴주립대 의과대학과 암연구센터, 시애틀 의학연구센터 등 생명과학 분야의 기관들이 자리잡고 있어, 향후 사우스 레이크 유니언South Lake Union은 생명과학life science의 허브로 발전할 계획이다. 시애틀의 재벌 폴 앨런 불칸사Paul Allen's Vulcan Inc가 개발을 맡아 사업을 진행하고 있으며, 면적 4만9000m²에 이르는 레이크 유니언 파크Lake Union Park를 비롯해 대규모 주상복합건물 등 뉴타운의 다양한 복합시설이 입지해 있다(www.discoverslu.com).

사우스 레이크 유니언과 연결된 노면전차

지난 2007년 12월 사우스 레이크 유니언South Lake Union 근린지구 북쪽 프레드 허친슨 암연구센터Fred Hutchinson Cancer Research Center에서 도심 웨스트레이크센터Westlake Center까지 4.2km를 연결하는 노면전차가 30년 만에 최신형으로 교체 · 도입됐다.

이 사우스 레이크 유니언 라인South Lake Union line은 시애틀의 메트로 버스와 사운드 트랜짓Sound Transit의 버스, 경전철, 모노레일 등 다른 대중교통수단과 시내 구간에서 모두 연계된다(www.seattlestreetcar.org).

아직 사우스 레이크 유니언이 완전히 개발되지 않아 실제 이용승객은 예상보다 많지 않지만, 머지않아 친환경 노면전차의 매력을 충분히 발휘할 수 있을 것이다. 무엇보다도 시애틀의 어반빌리지Urban Village 전략과 도심으로의 대중교통 접근성을 향상시키기 위해서 새로 도입된 노면전차의 향후 도입 효과가 크게 기대되고 있다.

대중교통 중심의 도심 활성화

1962년 시애틀 세계 박람회장 시애틀센터Seattle Center와

사우스 레이크 유니언 라인 노면전차

도심과 시애틀센터를 연결하는 시애틀센터 모노레일

시애틀센터에 있는 EMP 뮤지엄 전경

시내 웨스트레이크센터Westlake Center 1.9km 구간을 연결하기 위해 건설된 시애틀센터 모노레일은 어느덧 개통 52년 차를 맞이한 미국 최장의 도시교통수단으로, 지난 2008년 6월 열차 주행거리 계기가 100만 마일을 기록했다. 2004년 운행이 잠시 중단되기도 했고, 몇 차례 사고가 있기도 했지만, 지금은 연간 150만 명을 수송하는 등 주요 축제 기간이나 스포츠 이벤트가 열리는 동안 시민들에게 아주 중요한 도시교통수단으로 이용되고 있다.

그 외에도 시애틀 터코마 국제공항의 대중교통 접근 서비스를 향상하고 도심 활성화에 크게 기여하고 있는 경전철 Central Link Light Rail,(13개 역, 연장 25.12km)이 2009년 12월에 개통됐다(http://metro.kingcounty.gov).

한편 시애틀 다운타운의 지하에는 지상부의 도로 정체를 없애기 위해 버스전용터널Downtown Seattle Transit Tunnel, DSTT이 1990년에 완성됐으며, 연장 약 2.1km 터널 구간에 5개 역이 무료 승차 구간RFA, Ride Free Area, RFA에 포함돼 도시재생과 대중교통 이용 활성화에 크게 기여하고 있다. 무료승차는 1973년 매직카펫 존Magic Carpet Zone에서 유래된 것으로 대상지역이 확장돼 북쪽의 배터리 스트리트Battery St.에서 남쪽의 잭슨 스트리트S. Jackson St. 동쪽으로는 6번가6th Avenue와 서쪽 워터프런트에 이르러 시애틀 시내 구간을 거의 포함하고 있다.

이 터널 내에서는 버스를 비롯한 궤도교통 시스템을 모두 이용할 수 있도록 건설됐지만 경전철 건설이 지연됐고, 새로운 시스템에 맞추어 공사를 진행하기 위해 2005년 9월 터널이 폐쇄됐다. 2007년 9월에 공사를 완료하고 재개통해 공항을 연결하는 Central Link Light Rail과 총 20여 개의 버스 노선이 이 DSTT(Downtown Seattle Transit Tunnel)를 공동으로 운영하고 있다.

공공도서관에서 시애틀의 미래를 보다

미국 어느 기관에서 조사해도 시애틀은 전체 부분에서 살기 좋은 도시 상위 10위에 항상 이름을 올리고 있다. 특히 8년 연속 SAT(미국의 대학수학능력시험) 평균점수 전미 최고를 기록하고 있는 워싱턴 주의 중심인 시애틀은 스마트 시티Smarter Cities 부문에서 단연 상위에 랭크되고 있다. 또한 시애틀은 가장 교양 있는 도시America's Most Literate Cities 2009 1위로 선정된 바 있고, 포브스Forbes 잡지가 매년 발표하는 인터넷 접속도가 가장 높은 도시Most Wired City로 전미 30개 도시 가운데 1위를 차지하고 있기 때문이다.

특히 2004년 5월 Rem Koolhaas가 설계해 재개관한 시애틀 공공도서관을 보면 이를 충분히 이해할 수 있다. 총 11층, 지상 56m의 기하학적이고 아름다운 현대 건축 디자인으로 250여만 개의 아이템을 보유하고 있으며, 도서관 내에서 무료 Wi-Fi가 가능해 개인 노트북을 사용할 수 있고, 모든 사람을 위한 도서관Library for all답게 여행객을 비롯한 모두에게 자유롭게 개방돼 있다(www.spl.org).

한편 이 도서관은 미국 그린빌딩협의회U.S. Green Building Council가 인정하는 LEEDLeadership in Energy and Environmental Design 기준에 의해 환경부하가 적은 건축물로 지어졌다. LEED는 건물뿐만 아니라 거주자와 그 주변 사회에 미치는 환경영향까지 포함한 포괄적인 기준이라는 점을 감안할 때, 시애틀 시민의 약 80% 이상이 도서관 대여카드를 소지하고 시민의 휴식처로 이용하고 있는 이곳이야말로 지구를 살리는 곳이라는 생각이 들었으며, 시애틀의 지속가능한 미래를 보는 듯 해 매우 인상 깊었다.

도심 한가운데 위치한 지상 11층 규모의 시애틀 공공도서관

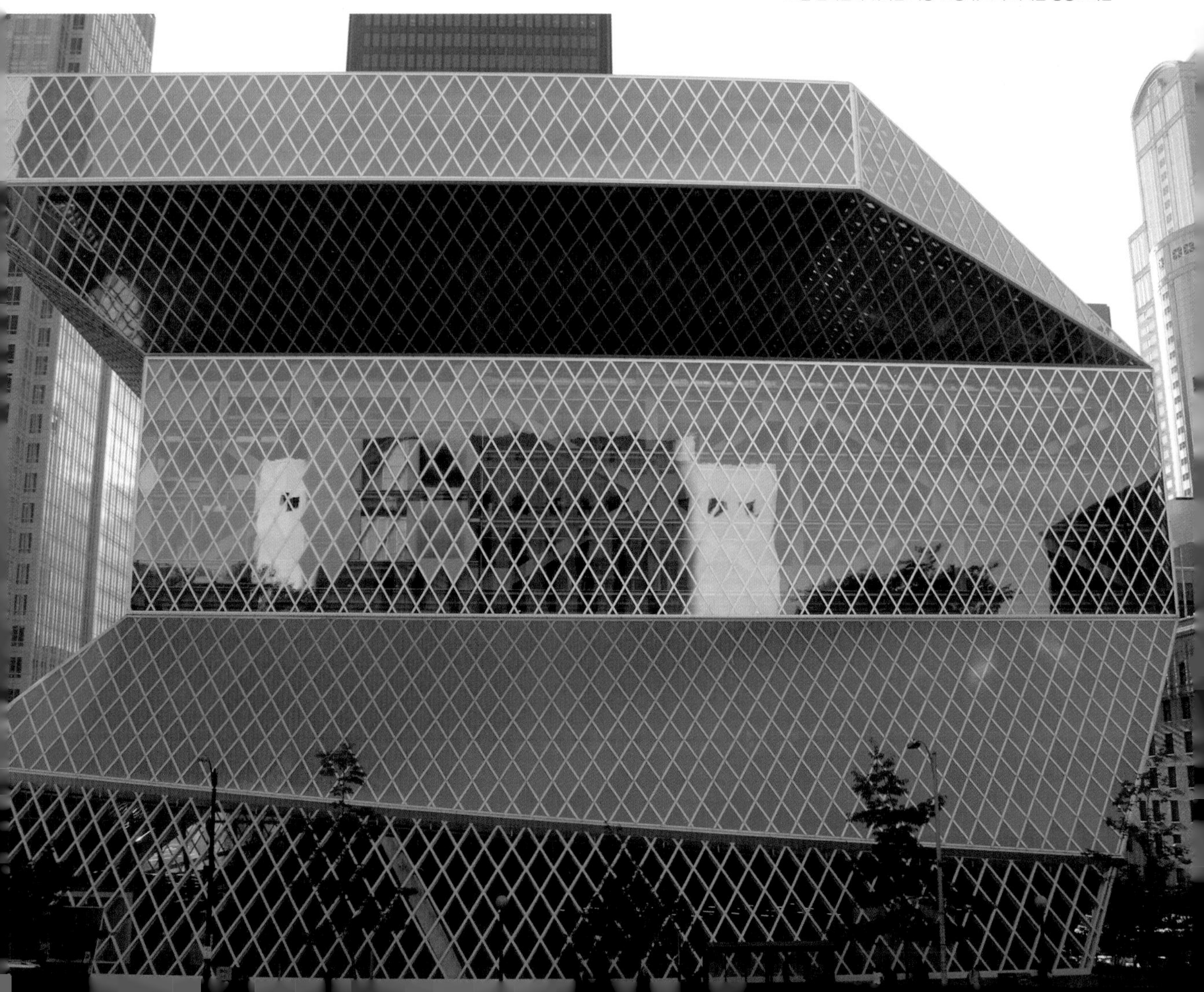

포틀랜드

대중교통중심의 도심재생, 친환경 그린시티

포틀랜드는 미국에서도 가장 친환경적인 도시, 그린시티로 유명한데, 이는 도시교통과 도로 정비, 토지이용, 도시개발의 시책 등이 서로 광범위하게 연계된 패키지 어프로치로 주목받고 있기 때문이다. 따라서 미국 유일의 포틀랜드 광역행정기구인 메트로의 역할과 대중교통과 토지이용의 연계 통합을 실현하는 도시개발 방식인 TOD의 성공 사례를 소개하고자 한다.

미국 최고의 지속가능 도시를 수상한 포틀랜드

포트랜드Portland는 미국 오리건 주 북서부에 위치하고, 2013년 인구는 59만2000명으로 미국에서 29번째이지만, 포틀랜드 광역권Portland metropolitan area은 약 231만 명에 이르는 주 최대 도시이다. 실제로 광역생활권에 속하는 힐스보로Hillsboro와 비벌튼Beaverton 등 인접 도시에는 세계적인 반도체 인텔사를 비롯해, 전자부품, 정보통신, 나이키 등 수많은 관련 기업이 입주해 있어 이 일대를 실리콘 숲Silicon Forest이라 부르고 있다.

그리고 컬럼비아 강Columbia River과 위라멧 강Willamette River이 합류하는 곳에 위치한 포틀랜드는 만년설이 있는 마운트후드(해발 3424m), 거대한 강과 아름다운 폭포가 절경을 이루는 컬럼비아 협곡 등 아름다운 자연환경과 도시경관을 배경으로 하고 있으며, 매년 6월 도시 곳곳에 열리는 장미 축제와 함께 장미의 도시The City of Roses로도 잘 알려져 있다.

특히 포틀랜드는 미국의 전통 유명 잡지 Popular Science와 Grist Magazine(grist.org) 및 온라인 지속가능 커뮤니티(www.sustainlane.com)에서 Greenest City in America, 세계 2위의 그린시티, 미국 최고의 지속가능도시(2008 US City Sustainability Rankings)를 수상한 바 있고, 그 외 수많은 기관의 도시 평가에서 좋은 평가를 받았으며, 미국의 대표적인 대중교통 중심의 지속가능한 친환경도시로 더욱 유명하다.

포틀랜드 다운타운에 있는 아름다운 가로공원

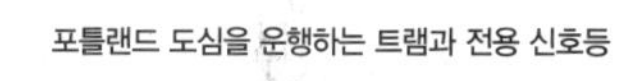

포틀랜드 도심을 운행하는 트램과 전용 신호등

위라넷 강변의 도심공원 Westsite Riverwalk에 보행자, 자전거 이용자가 많다

광역행정기구 메트로 설립과 2040 Growth Concept 채택

오리건 주는 풍부한 자연환경을 배경으로 도시의 확대나 난개발로 인해 농지 등의 자연자원을 보호하기 위해서 이미 오래전에 선진적인 환경정책이 전개되고 있었다. 그것이 바로 1972년에 제정된 환경보전법이며, 성장관리정책인 토지이용계획제도로서 주내의 모든 도시권에 대해서 도시성장경계선Urban Growth Boundary(UGB)을 시행하는 것이었다. 그 당시 포틀랜드는 의욕적인 도심재생계획에 따라 버스 트랜짓 몰(1978), 운임무료(Fareless Square) 도입(1975) 등 다양한 대중교통우선시책 및 보행공간의 정비 등이 진행됐다.

무엇보다도 포틀랜드 도시권의 큰 특징은 미국에서 유일한 광역행정기구인 메트로Metro가 1979년에 설립됐다는 점이다. 현재 메트로는 면적 약 1200km²에 클랙커미스Clackamas, 멀트노머Multnomah와 워싱턴Washington 주와 포틀랜드 25개 도시 150만 명 이상의 인구를 포함하고 있다(www.oregonmetro.gov).

1990년대부터 메트로가 중심이 돼 도시권의 성장 관리에 주력하게 되며, 마침내 1995년 'Region 2040 Growth Concept'이 수립됐다. 그리고 이러한 장기 비전을 실현하기 위해 토지이용계획과 교통계획을 상호 연계해 모든 정책을 추진했다는 점이 주목할 만하다.

포틀랜드 도심재생과 대중교통중심개발의 성공적인 추진

포틀랜드의 1972년 다운타운 계획Downtown Plan은 도심 접근성과 교통 개선을 위한 통합적인 해결책을 제안하는 것으로서, 기본 콘셉트는 대중교통중심개발 TODTransit Oriented Development에 의한 고밀도 오피스 축의 형성, 보도 확폭, 공공조경, 가로수의 설치 등의 트랜짓 몰 정비, 강과 도심의 중심을 잇는 상업축의 형성, 간선도로의 폐지와 그 곳에 공원 및 광장 정비, 역사지구 보전 등이 포함됐다.

이어서 다운타운에 인접하는 7개의 근린 지구도 대상지역에 포함한 Central City Plan을 마련해 여러 가지 프로젝트가 실시됐으며 그 성과는 높게 평가되고 있다. 이런 도심 활성화 정책의 이면에는 이미 앞에서 언급한 도시성장경계선(UGB) 안에서 고밀도의 복합용도 개발을 새롭게 추진하면서 대중교통체계의 구축과 이용의 접근성을 높일 수 있는 공간 구조의 실천적 계획 프로그램인 TOD의 성공 사례가 밑바탕이 됐다고 볼 수 있다.

포틀랜드 대중교통체계 트라이메트의 운행 현황

트라이메트TriMet는 멀트노마 주와 워싱톤 주 그리고 클락카마스 주를 포함한 포틀랜드 지구를 운행하는 시내버스, MAXMetropolitan Area Express, 통근전철 WESWestside Express Service 및 노면전차Streetcar 등 대중교통 서비스를 제공하고 있다(trimet.org).

버스는 총 81개 노선이 운행되고 있으며, 1일 수송객은 21만5000명이다. 이중 75개 노선이 MAX와 환승 가능하고 18개 주요 정류장을 연결하고 있다. 버스와 MAX의 이용객은 평균 35만1000명에 이른다.

포틀랜드 중심지 파오니아광장(Pioneer Courthouse Square)에는 각종 행사가 자주 열린다

Tri Max에서 운행하는 버스, 트램 MAX와 환승시스템이 잘되어 있다

그리고 MAX로 불리는 경전철은 전체 4개 노선 : Blue(1986. 9 개통), 공항 연결 Red(2001. 9 개통), Yellow(2004. 5), 그리고 최근 개통된 Green(2009. 9)에 총연장 83.2km, 84개 역을 운행하고 있으며, 1일 10만7000명을 수송하고 있다.

통근전철 WES는 윌슨빌Wilsonville에서 MAX와 연결되는 비버턴Beaverton 역까지 총 연장 23.5km로 매 30분 간격으로 운행되며 평일 1180명을 수송하고 있다.

도심 무료요금 및 지능형 도착정보 시스템 등 이용객 편의 도모

MAX의 경우 도심부 승강장 간격이 평균 500m로 도로상에서 서행으로 주행하고 있지만, 교외에서는 전용궤도를 고속으로 주행해 교외 전철로서의 기능도 가지고 있다. 도심부 트랜짓 몰Transit Mall에는 각 방면의 버스노선이 집중적으로 배치돼 있으므로 버스와 MAX 간의 환승이 매우 편리해 이용객이 점차 늘어나고 있다.

포틀랜드의 큰 자랑거리 중 하나는 도심의 일정 범위(I-405와 NW Irving, 그리고 the Lloyd District)에서 운임무료 구역Fareless Square을 운영하고 있다는 점이다. 모든 대중교통수단을 마음껏 자유롭게 탈 수 있으며, 최근

2010년 1월부터는 MAX와 Streetcar만 한정해 운영하고 있다.

특히 도심거리의 정류장을 지나치면서 크게 눈에 띄는 것은 버스우선신호와 주요 버스정류장의 버스도착정보 BIS와 환승안내 시스템이 잘 갖추어져 있는 점이다.

포틀랜드의 지속가능 환경추진전략, 2035 Portland Plan

포틀랜드는 이미 1993년에 미국에서 처음으로 온실가스배출 감축목표를 발표한 도시이기도 하고, 건물을 새로 지을 때 모두가 LEED(Leadership in Energy and Environmental Degign)이라는 그린빌딩 기준을 적용하는 등 환경적으로 지속가능한 정책이 앞서가는 것으로 잘 알려져 있다.

2035 Portland Plan은 25년 후 시티 로드맵으로서 앞으로 도시 발전과 변화에 대응해야 할 방향과 추진 과정을 제시하고 있다(www.portlandonline.com). 교통분야에 있어서는 ①자전거, 보행, 대중교통의 이용을 활성화하는 것 ②효율적인 교통 시스템을 건설하고 유지 관리하는 것 ③개인적으로 기술과 정보에 대한 접근성을 향상시키는 것이었다.

마지막으로 향후 25년간 구체적인 목표가 각 부문별로 잘 집행됨으로써 미국에서 가장 지속가능한 그린시티, 포틀랜드로 꾸준히 발전할 것을 기대해 본다.

1910년에 개설된 포틀랜드의 상징적인 호손(Hawthorne) 다리는 꼭 가봐야 하는 곳이다

토론토

북미의 살기 좋고 경쟁력 있는 창조도시

토론토는 캐나다의 금융 · 경제의 핵심 도시이고 성장관리정책와 수변공간의 재활성화를 통해 지속가능한 발전을 거듭하고 있으며, 2014년에는 Most Resilient City에서 1위에 랭크되기도 했다. 다문화를 자랑하는 토론토는 세계에서 가장 살기 좋고 경쟁력 있는 북미 최대의 도시이다. 특히 창조적 도시를 콘셉트로 생활의 질, 문화예술, 역사적 자산이 창조경제 발전의 중추적 역할을 하고 있다.

캐나다 창조경제의 중심, 토론토 스카이라인

토론토 시City of Toronto는 온타리오 주의 주도인 캐나다 최대의 도시로서, 온타리오 호의 북서쪽에 위치하고 있다. 인구 262만 명, 광역대도시권Greater Toronto Area은 558만 명으로 북미에서 뉴욕, LA, 시카고에 이어 4번째로 큰 도시다. 이 토론토 광역도시권GTA은 온타리오 주에서 약 810만 명이 거주하는 골든호스슈Golden Horseshoe 지역의 일부로 북미에서 가장 빠르게 성장하고 있다.

토론토는 높이 30m 이상 빌딩이 1800여 개에 이를 정도로 고층빌딩이 많은 도시로 유명하다. 시내 중심가에는 오래된 건축물과 고층 아파트 건물도 있지만 새롭고 다채로운 스타일의 역사적 건축물과 도시의 깨끗한 이미지는 토론토만의 매력 가운데 하나다.

특히 그리스, 인도, 이탈리아, 중국 등 다민족으로 형성된 공동체의 틀 안에서 다양한 커뮤니티가 존재하고, 토론토 시가 내세우는 문화예술의 창조적 도시 콘셉트에 의해 수많은 페스티벌과 이벤트 등으로 매우 활기찬 느낌을 받게 된다.

다운타운 한가운데 시청에서 부터 퀸 스트리트로 나오면 역사적 관광 명소와 가봐야 할 곳이 많다. 쇼핑의 메카 이튼센터, 퀸스파크에 있는 온타리오 주의사당, 로얄 온타리오 박물관, 아이스하키 명예의 전당Hockey Hall of Fame, 로저 센터 , CN 타워 등이다. CN 타워는 553m의 높이로 1976년에 지어져 캐나다인이 자부하는 랜드마크로 전망대와 스카이포드에 오르면 토론토 섬과 온타리오 호수, 토론토 도심 빌딩들이 파노라마처럼 내려다보인다.

토론토 시청 앞 네이선 필립 광장 아이스링크 여름에는 분수로 활용된다

토론토 광역권의 성장관리정책과 수변공간 재활성화

성장관리정책이란 중심 시가지와 교외에 대한 지속적인 발전을 목표로 한 프로그램으로, 풍부한 자연환경을 보전하면서 고도화된 정비를 추진하자는 것이다. 그리고 토론토의 도시 이미지를 창출하기 위해 창조적 도시Creative City 콘셉트를 구체화하기 시작했다. 이를 위해 창조 · 글로벌 문화도시 토론토 10년 전략 Culture Plan(2003)이 마련되고, 이를 실천하기 위해서 Creative City Planning Framework(2008)가 작성됐다.

한편 토론토는 시권과 농촌지역의 지속가능한 성장을 목표로 생활의 질을 향상시키기 위해서 'PLACES TO GROW : Better Choices, Brighter Future'라는 2031년을 위한 미래 전망을 발표하고 대규모 성장관리정책을 펼쳐나갔다.

특히 토론토 수변공간의 재활성화Revitalization는 토론토를 세계에서 가장 살기 좋고, 일하기 좋고, 방문하고 싶은 도시로 만들기 위해 착수한 프로젝트이다. 워터프런트 토론토WATERFRONToronto는 친환경적 개발에 초점을 맞추어 총면적 300ha 규모에 25년에 걸쳐 약 4만 가구의 새로운 주거지와 4만 개의 일자리를 만들 계획으로 사업지역의 개발, 공원, 레크리에이션 및 오피스 공간의 개발을 목표로 현재 성공리에 추진 중에 있다. 각 지구별 구체적인 추진 상황은 웹사이트를 참조하길 바란다(www.waterfrontoronto.ca).

토론토 시내에 설치된 공용 자전거

토론토교통국에서 운영하는 지하철 승강장

토론토의 퀸스파크에 있는 온타리오 주 의사당

세계 최대의 지하보행몰 토론토 PATH

겨울이 길고 추운 토론토는 오래전부터 도심의 보이지 않는 지하 공간을 도시적인 공간으로 재창조해, 전체 길이가 30km가 넘는 패스PATH라 불리는 세계에서 최대 규모의 지하복합쇼핑 공간을 조성했으며 기네스 기록을 갖고 있다.

이 처럼 혹한을 이겨내기 위한 전천후형 보행로 정비 사례는 미국 미네아폴리스의 총 69개 블록을 지상 건물간 연결하는 13km의 스카이웨이Skyway가 있지만, 토론토의 경우 오랜 역사 속에서 지하보도가 연결되도록 체계적으로 정비가 이루어져 그 형성 과정이 매우 특별하다.

PATH의 형성 시기는 115여 년 전으로 거슬러 올라간다. 1900년 이튼Eaton 회사가 도심 남북 중심 영Yonge 스트리트에 있는 메인 빌딩과 바로 옆 판매 상점을 지하로 연결하면서 시작된다. 그 후 1927년 유니언 역이 개통하고 1977년 이튼센터가 건설되기까지 1970~1980년대에 수많은 건물이 들어서고 연결통로가 완성된다. 기본개념은 토론시에서 작성한 The Pedestrian in Downtown Toronto(1959), Plan

토론토 시내 구간을 운행하고 있는 구형 트램

세계의 명문 토론토대학

for Downtown Toronto(1963), Central Area Plan(1978) 등 여러 계획과 제도 정비를 통해 본격적으로 구체화됐다.

PATH의 각 스펠링은 각기 다른 색으로 P는 빨간색 남쪽을 가리키고 A는 오랜지색 서쪽, T는 파란색 북쪽, H는 노랑색으로 동쪽을 나타낸다. 이곳 패스에는 5000여 명이 근무하며, 모든 대중교통과 50여 개가 넘는 오피스 빌딩이 연결돼 평일 20만 명이 넘는 통근 통행이 이루어지고 있다.

패스는 이렇게 토론토 도심의 지상보행환경과 공생하면서, 지하에서 바깥 날씨와 상관없이 최고의 쇼핑과 레스토랑, 모든 서비스 등을 즐길 수 있도록 보행선택권을 부여한 세계적인 성공 사례로 시사하는 바가 크다(www.torontopath.com).

토론토교통국, 지하철 노면전차 시내버스 통합운영

토론토를 포함한 온타리오 호의 870만 명이 거주하는 골든호스슈 지역에서는 온타리오 주 메트로 링크스 Metrolinx의 자회사인 GO Transit가 토론토와 주변 도시를 잇는 광역철도와 버스를 운행하고 있다. 토론토 시내에서는 1921년 설립된 토론토시교통국 TTC Toronto Transit Commission가 지하철과 전철 4개 노선 총

69개 역, 149개 버스노선, 11개 노면전차Streetcars 노선을 운행하고 있다. 이에 티켓 한 장으로 지하철, 버스, 노면전차 어느 것을 타거나 환승할 수 있어 이용이 매우 편리하다.

토론토 교통 시스템의 거점인 유니언 역은 VIA 철도에 의해 오타와, 몬트리올, 나이아가라 방면 등 중거리 열차, 밴쿠버의 대륙횡단열차, 그리고 미국 뉴욕의 Amtrak 등 모든 여객철도의 발착역이다. 최근 메트로 링스사는 토론토 도심의 유니온 역과 토론토 피어슨 국제공항을 연결하는 철도 Air Rail Link를 건설해 2015년 팬아메리칸 게임에 맞춰 운행할 예정이다.

수송인원 규모는 2013년도 하루 평균 철도 이용자 수가 276만 명으로 북미에서 제3위(1위 뉴욕시, 2위 멕시코시티)를 차지할 만큼 수요가 많아서 출퇴근 시간대에는 꽉 차서 운행된다. 지하철 차량은 처음 운행된 글로스터 서브웨이 카Gloucester subway cars에서 유래해 'Red Rockets'라고도 불린다. 2011년 차량에는 토론토 로켓Toronto Rocket 이름이 붙여지거나 슬로건이 'The Better Way'로 대중교통 이용 활성화에 기여하고 있다.

토론토의 친환경 전략, 시민참여 녹색생활 실천

세계도시에 대한 리서치를 할 때 토론토는 항상 여러 분야에 걸쳐 상위권에 들지만, 2014년에 Intelligent Community, Youthful City, Most Resilient City에서 세계 1위로 랭크된 바 있다. 그 가운데 Resilient City는 도시마다 경제적인 문제 혹은 날씨나 기후에 대한 문제 등으로 한계에 닥쳤을 때 그걸 이겨내는 시민의식을 보는 것이다. 이처럼 다문화를 자랑하는 토론토는 언제나 잘 이겨내 왔고 꾸준히 환경적 기후변화에 대응하는 녹색생활 실천도 인정할 만하다.

친환경도시로서 2007년부터 녹색 토론토 실천하기Live Green Toronto 전략을 수립해 시행하고 있다. 토론토의 기후변화, 청정대기 및 지속가능한 에너지 실행계획의 일환으로 시민학교 직장인의 자율적인 참여를 통해 가정에서 쓰는 에너지 20%, 차량연료 20%를 절약하는 20/20 캠페인을 실천하고 있다.

차량의 이용저감 실천방안에 있어서는 일주일에 한 번 승용차를 이용하지 않아도 20% 목표를 달성하기 때문에 하루에 얼마나 운전을 줄이는 것을 실천했는지 온라인상에서 입력하는 등 다양한 Smart Commute 프로그램을 실시하고 있다(www1.toronto.ca).

보고타

대중교통 BRT 중심의 도시재생

콜롬비아의 수도 보고타는 과거 급격한 인구 집중과 치안 문제로 주민들이 거리 발전에 대해서 거의 부정적이었고 전혀 희망을 품지 않았지만, 이제는 대조적인 상황으로 바뀌었고, 많은 도시에서 보고타의 성공적인 도시재생을 인정하면서 이를 벤치마킹하고 있다. 실제 대중교통 BRT가 전형적인 우수 사례로 잘 알려져 있는데, 어떻게 이러한 도시 변혁을 가져올 수 있었는지 트랜스밀레오의 도입 배경과 도시공간정책 등 행정적인 역할을 중심으로 살펴보기로 한다.

남미에서 4번째 글로벌 도시, 콜롬비아의 중심 보고타

콜롬비아의 수도 보고타는 2013년 현재 인구 767만 명, 근교를 포함한 도시권 인구는 1076만 명으로 남미 대륙에서는 부에노스아이레스, 상파울로, 리오 데 자네이로와 같은 글로벌 도시다. 안데스 산맥의 분지, 표고 2640m에 위치하고 있으며, 볼리비아 라 파스La Paz와 에콰도르 키토Quito 다음으로 세계에서 3번째로 높은 곳에 입지하고 있다.

지금도 에스파냐식의 옛 건축물이 많아서 보고타는 남아메리카의 아테네The Athens of South America로 불리고 있지만, 19세기 초 10만 명에서 1985년에 423만 명, 1993년 548만 명을 기록하는 등 급격한 인구 증가로 인해 세계에서 범죄가 가장 많은 도시로 불릴 만큼 비극적인 상태를 겪기도 했다.

대부분 도시개발계획이 이루어지지 않은 채 무차별한 개발이 이루어짐으로써 궁핍했고, 많은 사람들이 기본적인 서비스에 접근할 수 없을 정도로 가득 차 차량 혼잡이 대단했다고 한다. 1995년 정부에서 안전도시Safe Community를 최우선 정책으로 하고 빈곤층과 사회안정화 시책 등 정치적 리더십으로 극복함으로써 이제는 상황이 많이 바뀌었고 주민들도 희망을 가지게 됐다.

보고타의 역사지구Historical Center of Bogota, 깐델라리아

올드 시티 깐델라리아La Candelaria에는 이색적이고 비좁은 골목에 300~400년 된 컬러풀한 전통가옥들과 함께 젊은이들이 몰리는 레스토랑, 극장, 대학들을 비롯해 스페인 식민지의 바로크 스타일 건축물들이 즐비하다. 위쪽으로 가면 콜롬비아의 상징이기도한 몬세라토Monserrate 언덕으로 케이블카를 타고 접근할 수 있으며, 아래 서측 중심광장에는 대통령궁과 볼리바르 광장 등이 있다. 이곳을 중심으로 프리마다Primada 대성당 , 유명한 보테로Botero 미술관, 루이스앙헬아랑고Luis Angel Arango 국립도서관, 황금박물관, 콜론극장 등 역사적인 건물들이 집중돼 있어서 보고타의 관광 포인트가 되고 있다.

특히 국립은행에서 도서관 네트워크Red de Bibliotecas del Banco de la República 계획과 같은 문화예술의 투자를 오래전부터 시작했다. 보고타가 유네스코의 세계 책과 문화의 도시(the World Book Capital City for 2007)로 선정되는 등 최근 콜롬비아 관광산업이 크게 발전되고 관광객이 늘어나고 있는 것은, 정부에서 문화예술분야

올드 시티 깐델라리아에는 이색적인 비좁은 골목에 컬러풀한 전통가옥들로 가득 차있다

예산을 크게 늘리고 모든 시민들이 즐길 수 있는 국제협력 프로그램을 크게 지원하고 있기 때문이다 (http://www.bogota.gov.co/portel/libreria/php/01.28.html).

보고타 공공공간 마스터플랜

보고타는 공공공간의 면적을 늘리기 위한 전략과 목표를 정하고 있으며, 원칙 가운데 하나는 각기 다른 사회계층에 속하는 모든 사람들의 공평한 접근을 보장하고 공공을 중요시하는 것이다.

공공공간에 대한 사회운영전략의 최종적인 목표는 2019년까지 매년 20개의 사회 네트워크를 구축하는 것이며, 본질적으로는 공공공간으로부터 수입을 얻을 수 있는 기업이나 시민들에 대해 경제적 인센티브를 강화하는 것을 목적으로 하고 있다.

그 가운데 주목할 만한 정책 목표는 구획정리계획으로 모든 공원을 2019년까지 건설하는 것이며, 도시재생을 통해 2015년까지 시민 1인당의 녹지면적을 2m^{2}에서 5~6m^{2}까지 늘리는 것이다. 또한 2019년까지 기존 역사적 보전지역의 도시프로젝트의 경우 공공장소의 디자인 매뉴얼을 토대로 도시의 안내판, 어메니티, 보도, 자전거도로, 공원, 광장 및 조경 등 제반규정을 따르도록 돼 있다(Sustainable Site Design 100 Cases, 083 Bogota).

대중교통 BRT 시스템, 트랜스 멜레니오 도입 배경

1988년 당시 보고타는 평균통행시간 1시간 10분(Slowness), 버스노선의 비효율성(Inefficiency), 100만 대 자동차보유율 19%로 95% 도로가 막힘(Inequality), 70% 자동차 오염(Contamination), 교통사고 위험(Danger) 등의 현상이 나타났다.

이후 시장직선제로 바뀌고, 새로운 헌법의 제정으로 지금까지 없었던 시장 권한이 늘어나면서, 세입과 투자를 늘려가고 빈곤층 대책과 사회안정화 시책 등이 추진됐다. 교통문제의 경우 1996년 일본국제협력기구JICA의 보고타 시 교통조사연구에 의해 장래 교통수단은 버스 중심으로, 버스전용도로 및

보고타 역사지구의 좁은 골목길을 운행하는 마이크로 버스

몬세라토 언덕가는 길(Area J 종점)을 주행하는 트랜스 밀레니오

2007년부터 270명을 수용할 수 있는 신형 2굴절 버스를 도입하여 운행하고 있다

트랜스 밀레니오 정류장 내부, 급행버스와 각 정류장 경유 노선이 서로 환승할 수 있다

자동차 겸용 통행 방식에 의해 모든 차량 속도를 향상시킬 수 있도록 제안된 바 있다.

특히 그 당시 대중교통 공급과 구조 개혁에 관한 명확한 플랜을 가진 엔리크 페냐로사Enrique Peñalosa 시장이 당선되면서 트랜스 밀레니오 BRT 사업이 정부지원+보고타시 30% 투자로 본격적으로 추진된다.

트랜스 밀레니오는 2000년 12월 제1단계 성공적인 개통으로 보고타 도시공간 구조를 크게 변화시켰으며, 통행시간 32% 단축, 배기가스 40%, 교통사고 90%를 줄이는 효과를 거두고 있다. 처음 Av. Caracas 와 Calle 80을 연결하는 총연장 41km의 버스전용도로가 개통됐지만, 현재 9개 노선에 연장 84km, 1일 이용자 수는 160만 명에 이르러 아주 성공적으로 운행되고 있다(www.transmilenio.gov.co).

성공적인 트랜스 밀레니오의 운행특성 및 장래계획

버스는 굴절버스로서 정원은 160명이지만, 2007년 5월 270명을 수용할 수 있는 신형 2굴절(phase III)을 도입해 총 1027대가 운행 중에 있다. 현재 정류장은 전체 114개 역으로 폭 5m로 돼 있으며, 자동문 개폐장치와 실시간 버스도착안내 시스템이 잘 갖추어져 있다.

현장에 가서 버스를 여러 번 타면서 크게 놀란 점은 급행버스와 각 정류장 경유 노선이 수많은 네트워크 형태로 서로 환승할 수 있게 돼 있으며, 항상 버스가 꽉 차서 운행되고 있다는 것이다. 그리고 급행과 지역 버스 외에도 그린색의 버스, 단말 피더노선feeders이 정규 노선과 1회 승차권(1600페소, US$8.5)으로 연계되고 무료로 환승이 가능하다. 앞으로 Calle 26Downtown-West (Airport)와 또 다른 노선인 Carrera 10 Downtown-South가 공사 중에 있다(http://en.wikipedia.org/wiki/TransMilenio).

이러한 성공 배경에는 정부가 트랜스 밀레니오 회사TransMilenio S.A.에게 버스운행 영업권을 모두 위임해 계획 · 감독 · 서비스를 강화를 할 수 있는 점이었고, 장기적인 계획 프로세스에 의해 트랜스 밀레니오라고 하는 복잡한 프로젝트를 현실화할 수 있었던 것은 비전 있는 시장에 의해서만이 성공을 가져왔던 것이다.

Antiguo Country 신시가지 전경, 구시가지 분위기와 완전히 다른 고급 주택단지가 형성되어 있다

DESCUBRE
TU CIUDAD
BOGOTÁTURÍSTICA
BUSSCAR

대중교통 BRT시스템의 세계적 성공 사례로 평가되는 트랜스 밀레니오, 외곽에서 시외버스와 환승이 가능하다

오클랜드

천혜의 자연환경, 지속가능 도시

세계 여러 조사기관에서 가장 살기 좋은 도시로 항상 상위에 랭크되고 있는 뉴질랜드 최대의 도시 오클랜드,
천혜의 자연환경 속에서도 최근 장기교통전략에 따라 지속가능한 미래 슈퍼시티를 꾸준히 준비하고 있다.
오래전 교통이 혼잡한 CBD에 승용차 통행량과 환경오염을 줄이기 위해 도입한 무료순환버스와
도시 재개발 프로젝트로 개발된 브리토마트 대중교통환승센터가 도심 교통환경을 크게 개선하고 있다.

7개 슈퍼시티로 구성된 오클랜드

오클랜드Auckland는 560km^2 면적에 인구 145만 명으로 뉴질랜드의 경제 상업 중심지답게 전체 인구의 32%가 집중돼 있으며 북섬 북단에 자리잡고 있다. 뉴질랜드 수도는 1865년에 웰링턴으로 이전했지만 아직까지 많은 사람들이 오클랜드를 수도로 생각하고 있을 만큼 뉴질랜드 최대의 도시이기도하다.

지리적으로는 와이테마타Waitemata 만과 마누카우Manukau 만 사이에 위치해 있고, 하우라키Hauraki 만의 여러 섬들도 오클랜드에 포함돼 이 섬들의 면적은 오클랜드 토지 면적의 74%를 차지하고 있다.

뉴질랜드의 모든 도시는 여러 개 작은 소도시로 구성되는데, 오클랜드Auckland Regional Council는 오클랜드 시티(인구 40만4658명)가 지역의 중심이고, 7개의 슈퍼시티로 구성돼 있다. 그리고 바다에 면한 지형 때문에 해상교통이 발달해 City of Sails로 불리며, 요트와 보트 등 소형 선박의 등록수가 약 14만 척으로 인구 대비 요트 보유율이 세계에서 가장 많은 도시로 잘 알려져 있다.

지난 2013년 인구센서스에 의하면 외국인이 전체의 40%를 차지하고 있는데, 이는 뉴질랜드의 좋은 자연환경을 찾아 태평양의 여러 섬나라와 아시아 등 전 세계에서 다양한 소수민족의 이민자가 증가했기 때문이다.

천혜의 자연환경, 공원과 녹지공간 만족도 88%

공원면적은 전체 도시면적의 무려 15%를 차지하고 있다. 총 26개에 이르는 오클랜드 지역공원Auckland Regional Parks은 4만ha가 넘으며, 오클랜드 전역에 걸쳐 다양한 레크리에이션 활동과 서식동식물의 보전적인 생태적 가치와 역사적 의미가 있는 곳에 조성됐다.

여기서 주목할 만한 점은 오클랜드에서 이러한 지역공원 네트워크를 1965년부터 구축했다는 점이고, 이들 각 공원에 대한 구체적인 이용 정보와 함께 관리계획을 포함한 모든 계획문서와 장래 프로젝트 자료 등을 웹사이트(http://www.arc.govt.nz/parks)에 모두 공개하여 통합적으로 관리하고 있다는 점은 우리에게 시사하는 바가 크다.

이러한 노력의 결과 매년 실시하는 환경만족도조사 EASEnvironmental Awareness Survey에서 공원 및 녹지공간에 대한 만족도는 항상 가장 높은 결과를 보여주고 있다. 1600가구를 대상으로 실시된 앙케이트 조사에서도 공원과 녹지 공간의 접근성Access to parks and other open space의 만족도는 88%로 가장 높은 것을 확인할 수 있었다.

오클랜드는 항해의 도시City of Sails라는 별명답게 국제적으로 가장 오래된 요트대회인 아메리카 컵 경주가 열리는 등 세계에서 요트를 가장 많이 볼 수 있는 도시다. 실제 항구에 빽빽이 정박해 있는 수많은 원색의 요트들을 보면 놀라움을 감출 수 없다. 그리고 해발 196m 마운트이든Mt. Eden, Maungawhau에서 바다에 접해 있는 오클랜드를 내려다보면 바다와 산 그리고 수많은 공원과 녹지공간이 정말 잘 어우러진 도시임을 느낄 수 있다.

오클랜드의 장기교통전략과 지속가능 교통계획

오클랜드 토지교통전략 RLTS Auckland Regional Land Transport Strategy, 2010-2040는 앞으로 30년 동안의 오클랜드 지역 교통에 대한 방향을 설정한 계획으로, 2010 RLTS 최종보고서가 발간됐다. 이 보고서에서는 2051년까지 오클랜드 인구를 현재보다 2배 많은 230만 명으로 예측하고, 승용차는 125만 통행, 대중교통은 6만 통행이 2040년까지 추가적으로 증가할 것으로 전망하고 있다.

항해의 도시 뉴질랜드 오클랜드 전경, 스카이타워가 멀리 보인다

오클랜드 선착장, 시내에서 조금만 걸으면 바다가 보인다

최근 세계적인 주요 이슈인 온실가스 감축을 배경으로, 앞으로의 교통전략은 대중교통이용 서비스를 향상시키고 에너지 효율적인 자전거 및 보행 등 자동차 대안 교통수단 도입을 보다 강조하지 않으면 안 될 상황에서, 이전의 RLTS 2005의 10년 계획을 조속히 수정하게 됐다고 한다.

RLTS 2010의 6가지 전략을 간략히 소개하면 대중교통의 지속적 개선, 토지이용과 교통의 융합, 교통행태의 전환, 기존 도로의 운영 개선과 교통 부하를 줄이고 환경영향을 저감시킨다는 내용이다(www.arc.govt.nz).

특히 하위 계획으로 지속가능교통계획Sustainable Tranport Plan(2006-2016)이 별도로 수립돼 있다. 주요 전략을 살펴보면 도보와 자전거 수단분담율 15.5% 달성, 자전거 이용률 2배 증가, 아침 첨두시 학교 승용차 통행량 9% 감소, 도심 통행량 3% 감소가 포함돼 있다.

도심을 순환하는 무료 셔틀버스 시티서킷

오클랜드 버스는 약 920대가 연간 4200만 명을 수송하고 있으며, 그 중 55%가 저상형 버스다. 그 가운데 시내를 걷다 보면 Free라고 크게 써진 RED 전기버스가 눈에 띄는데 이것이 바로 도심을 순환하는 무

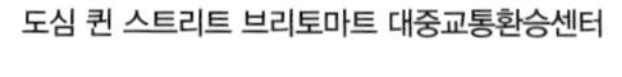
도심 퀸 스트리트 브리토마트 대중교통환승센터

시티서킷이 출발하는 도심 브리토마트 대중교통센터 버스정류장

료 셔틀버스 시티서킷City Circuit이다.

운행시간은 오전 8시부터 저녁 6시까지로 10분 간격이며, 오클랜드교통국Auckland Regional Transport Authority(ARTA)과 시에서 재정을 지원해 운행되고 있다. 운행 구간은 브리토마트Britomart 환승센터를 출발해 시내 메인 가로 퀸 스트리트의 주요 지점과 오클랜드대학, 아트갤러리, 시빅 씨어터, 스카이타워 등을 운행하고 있다.

기본적으로 일방향이지만 퀸 스트리트에서는 양방향으로 운행되며, 운행 구간은 시의 중심부에서 대략 1km권 내로, 필자도 방문했을 때 시내 구경을 하다가 다리도 아프고 걷기에는 다소 힘든 경사지역을 이 버스를 자주 이용하면서 정말 효율적으로 이동했던 기억이 난다.

그리고 시티서킷보다 넓은 구간을 운행하는 순환 루트의 버스 링크Link가 있다. 시티서킷이 운행하고 있는 브리토마트 역, 퀸 스트리트, 스카이타워, 알버트 파크와 연계해 뉴마켓Newmarket, 오클랜드시립병원Auckland City Hospital, 카란가하페 로드Karangahape Road, 폰손비Ponsonby 등 대부분의 오클랜드 주요 거점을 커버한다. 운행시간은 오전 6시부터 오후 7시까지이고 10분 간격으로 운행되고 있다. 그 외에도 오클랜드 지역교통 브랜드인 MAXX는 버스 운행을 비롯해 철도 페리 등 모든 대중교통서비스 안내 시스템 등이 매우 유용하게 활용되고 있다(www.maxx.co.nz).

도심부에 종합교통환승센터를 새로이 건립

브리토마트 교통센터는 오클랜드 도심부 교통 혼잡 해소와 환경오염을 줄이기 위해서 수년간 도시재개발 프로젝트A transport, heritage and urban renewal project(1999-2003년)의 일환으로 추진됐다. 이전 중앙우체국 건물을 보전하고 그 자리에 국제현상공모를 통해 근대적 건축물로 확장 개조(공사비 2억400만 달러)해 2003년 7월에 준공됐다.

이곳은 시내 대중교통의 결절점인 퀸 스트리트Quay Street, 커머스와 접하고 대부분의 버스가 Queen Elizabeth II 광장에서 출발할 뿐만 아니라 바로 퀸 스트리트 건너에 메인 페리 터미널이 입지해 철도역과 버스, 페리 이용객이 모두 편리하게 환승할 수 있도록 잘 지어졌다(www.britomart.co.nz).

현재 5개의 지하역 플랫 폼에는 2개의 철도 노선 North Island Main Trunk & the Newmarket Branch lines이 운행되고

오클랜드 시티 주변 섬을 오가는 페리 선착장, 마켓 광장

있으며, 시간당 용량은 1만500명이다. 장래 경전철 노선을 위해 추가적으로 2개 통과노선을 건설할 예정이다.

한편 오클랜드 시내에 유일하게 위치한 브리토마트Britomart 철도역을 기점으로 운행되는 교외철도는 각각 이스턴 라인EasternLine, 웨스턴 라인WesternLine, 사우던 라인SouthernLine등이 2003년부터 운영하고 있다. 2003년 오클랜드 교통 인프라 재생사업이 시작되면서 복선 전철화와 노선 연장 등 철도 서비스를 크게 개선해 가고있다.

시드니

세계지속가능도시 2030 비전

호주의 최대 도시 시드니는 세계 3대 미항으로 손꼽히는 항구도시로서 수려한 수변경관을 자랑하며,
다민족이 어우러진 세계적인 관광도시다. 국제적으로 경쟁력 있고 혁신적인 도시를 만들기 위해서
수년 동안 논의와 의견 수렴을 통해 최근 2030 지속가능 시드니비전을 발표한 바 있다.
도시재생과 도심 교통 환경 개선의 일환으로 도입됐던 LRT와 메트로 모노레일 등을
중심으로 지속가능도시 시드니를 살펴본다.

세계 3대 미항으로 꼽히는 호주 최대 도시

시드니Sydney는 호주 남동부에 위치한 뉴사우스웨일스NSW 주의 주도로서 2013년 인구는 476만 명, 면적 1만 2367km^2에 호주에서 가장 인구가 많은 경제 문화의 중심이며, 가장 오랜 역사를 지닌 최대 도시이다. 그리고 시드니는 리우데자네이루, 나폴리와 함께 세계 미항으로 꼽히며, 시드니의 심벌인 하버브리지Sydney Harbour Bridge와 2007년 세계문화유산으로 등록된 바 있는 오페라 하우스 등이 세계적으로 유명한 관광도시이기도 하다.

현재 뉴사우스웨일 주의 인구는 약 700만 명으로 그중 63%가 시드니에 집중돼 있고 이곳의 거주민을 시드니사이더Sydneysider라고 부르지만, 실제 세계적인 다문화 도시로도 유명하다.

인구센서스 자료에 의하면 2%만이 호주 원주민이고 31.7%가 타국적의 사람들이다. 아시아계Asian Australian가 16.9%고, 주 이민국은 영국, 중국, 뉴질랜드 등으로 구성돼 있다. 또한 영어 외에 30% 이상이 다른 언어를 사용하고 있는데, 시드니 웹사이트를 보더라도 10개국의 커뮤니티 언어로 소개돼 있고 각종 자료도 다국어로 마련돼 있는 점이 특이하다(www.cityofsydney.nsw.gov.au).

시드니 도심 전경, 시드니타워가 멀리 보인다

Cycle Strategy and Action Plan 2007-2017, 자전거 분담률 20km이내 20%를 목표로 한다

시드니 거리를 주행하는 복원된 트램

지속가능 시드니 2030

시드니 시의 다양하게 구성된 지역사회에서 장기간의 논의와 종합적인 의견 수렴을 통해 향후 20년 뒤의 비전을 Green, Global, Connected City로 세우고, 지난 2008년 '지속가능 시드니 2030, 비전Sustainable Sydney 2030: The Vision'을 발표했다. 이를 통해 지구온난화 문제를 위해 노력하는 등 지속가능성을 가장 주요한 과제로 선정했다. 19세기 산업혁명이 세계를 변화시켰듯이 앞으로 새로운 녹색혁명이 21세기를 변화시킬 것으로 보았다. 그리고 이러한 장기 비전은 온실가스 감축을 위해서 건물 배출building emissions, 수송transport 및 에너지energy generation의 세 가지 측면에서 다음과 같은 지속가능 시드니 비전 2030을 위한 10가지 목표와 각 세부 추진전략 및 집행계획 등이 수립됐다http://www.cityofsydney.nsw.gov.au/2030/thevision.

주요 내용을 살펴보면, 2030년까지 시드니 온실가스 배출을 1990년 기준으로 50% 수준, 2050년까지 70% 수준으로 줄인다. 그리고 지역 전기 생산으로 에너지 수요 최고 100%, 지역 수도 저장으로 10%까지 역량을 갖춘다.

주택 부문에 있어서는 2030년까지 추가적으로 4만8000호를 공급해 최소 13만8000호 주택을 확보하고, 전체 7.5% 사회주택을 비영리 재단이나 기타 기관에서 저렴한 주택으로 제공한다.

교통 부문의 경우 2030년까지 시내 대중교통 이용량은 80%까지 증가시키고, 시내 통행의 10%를

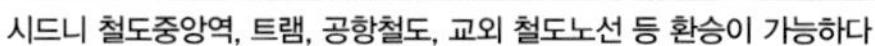
시드니 철도중앙역, 트램, 공항철도, 교외 철도노선 등 환승이 가능하다

시드니 모노레일의 소형 승강장

자전거가, 50%를 도보가 수단분담률을 맡도록 유도한다. 특히 주민들은 10분 이내 거리(800m)에서 식품시장, 보육, 의료시설, 레저, 학습 및 문화시설을 이용할 수 있게 한다.

마지막으로 2030년까지 시의 거주자들은 하버강변, 하버공원, 무어, 센티니얼 및 시드니공원 등에서 3분 거리(250m) 이내에 살게 하는 등의 내용이 담겼다.

도심 보행자 우선과 자전거 전략

클로버 무어Clover Moore 시드니 시장은 '지속가능 시드니 2030, 비전'을 토대로 단계적으로 교통 정체가 심한 도심에서 차량을 퇴출시키고 점차 보행자와 자전거 위주의 도심 환경을 조성해 쾌적한 도시 환경을 만들기 위해 주력할 것이라고 선언해 현지 언론들이 보도한 바 있다(연합뉴스, 2009. 7. 5).

시드니 도심에서 가장 넓고 긴 조지스트리트George St.를 보행자중심도로로 재편할 계획이며, 기 수립된 자전거 전략 Cycle Strategy and Action Plan 2007-2017에 따라 2016년 자전거 수단분담률을 10%로 목표하고 있다.

특히 20km 이내 통행의 경우, 2016년까지 자전거 수단분담률 20%를 목표로 하고, 자전거도로의 확충과 자전거 이용 환경을 대폭 정비해 자전거 이용자들의 만족도를 80%까지 끌어올릴 계획이다.

시드니 도시권을 운행하는 교외철도 City Rail

시드니의 대중교통은 뉴사우스웨일주영철도 SRA(State Rail Authority of NSW)가 운영하는 시티 레일(City Rail)과 버스 외에 도심부의 모노레일과 노면전차가 있으며, 항구도시답게 페리도 서큘러 선착장(Circular Quay)을 기점으로 도시교통의 중요한 역할을 하고 있다. 시티 서클(City Circle) 노선은 시드니 중심부에서 외곽으로 연결되는 노선의 일부이며, 2층 열차가 시드니 중심부에서 원형으로 돌고 6개 역(Circular Quay, Wynyard, Town Hall, Central, Museum and St James Stations)을 지하로 통과한다.

현재 노선 길이는 1595km, 307개 정류장에 시드니 도시권을 대부분 커버하고 있다. City Rail 조사자료에 의하면 1일 수송인원은 약 9만 명에 이르고, 매년 승객이 크게 증가하고 있다고 한다(www.cityrail.info).

공항 연결 철도는 2000년 올림픽 개최에 맞춰 2000년 5월에 개통하여, 교통 정체를 크게 해소한 호주 최초의 총연장 12km의 공항 접근 노선으로 중앙역부터 국제선 터미널까지 10분이면 이동한다.

도심 교통 개선에 기여한 노면전차

시드니에 노면전차(LRT)가 절정을 이루었던 시기에는 노선연장이 290km에 이르렀고, 멜버른 이상의 규모로 수송인원도 많았다. 그러나 시설 노후화와 모터제너레이션으로 버스로 바뀌고 1957년부터 4년간에 걸쳐 전 노선이 철거됐다고 한다.

1988년 건국 200주년 기념사업의 일환으로 피어몬트(Pyrmont)의 재개발이 진행됐고 수송력이 높은 궤도계 교통 시스템이 필요하게 됐는데, 마침 시드니 역으로부터 분기된 화물선이 있었고 이를 활용해 1997년 8월에 시드니 중앙역부터 웬트워스(wentworth) 공원까지 약 3.8km 구간에 저상형 LRT가 개통됐고, 이어서 2000년 릴리필드(Lilyfield)까지 연장됐다.

이렇게 시드니는 36년 만에 LRT를 복원해 도심부 활성화와 교통 환경을 개선하는데 크게 기여했으며, 현재 프랑스 베올리아(Veolia Transport)가 30년간 임대해 총 7.2km 구간 14개 정류장을 운영 관리하고 있다. 장래 시드니 시에서는 도심부 노선을 연장할 계획을 갖고 있다(www.metrotransport.com.au).

세계 최초의 도심 순환 시드니 모노레일

1988년에 개통한 모노레일은 시드니 중심상업지구와 달링하버Darling Harbour를 연계하는 연장 3.6km의 소형 단선의 스위스 Von Roll 모노레일 시스템으로서 주정부가 설계 · 건설 · 운영 · 보수를 일괄 위탁하는 방식에 의해 TNT 하버링크가 건설했다.

건설 배경도 노면전차와 마찬가지로 달링하버의 재개발과 함께 도심부로의 자동차 진입을 억제하기 위해서 도입됐는데, 도시경관과의 조화, 기존 도로교통과 건축물의 영향에 최소화, 건설기간 및 건설비용 최소화 등을 만족시킬 수 있도록 토목구조물인 철궤도steel box girder의 폭은 940mm에 불과하고 역사 등은 주변 건물에 부착하거나 건축 내부에 간단히 설치하게 설계됐다.

현재 시드니의 명물인 모노레일은 LRT, 시내버스도 운영 중인 베올리아Veolia가 운영 관리하고 있으며, 차량은 6량 1편성(차량 길이 32.12m), 수송수요는 연간 400만 명, 1일 약 1만1000명으로 출퇴근 및 업무 목적은 20% 정도이고, 이 보다는 대부분 관광 및 위락 등의 도심 순환 교통수단으로서 세계적으로 아주 성공적인 운행 사례라 볼 수 있다.

시드니의 랜드마크, 오페라하우스

도심순환 시드니 모노레일(소형단선, 연장 3.6km)

Flinkster-Station
Call a Bike-Station
Flinkster
Mein Carsharing

Part 4

창조도시의 지속가능 교통

문화예술도시로 재생한 창조도시

영국 동북부의 타인 강을 사이에 둔 뉴캐슬과 게이츠헤드는 한때 최대급 탄광과 제철, 조선업으로 공업도시를 이어왔지만, 중공업의 쇠퇴로 산업기반을 잃게 됐다. 이후 1998년 철제 조각상인 Angel of the North 완성을 계기로, 세이지 게이츠헤드 음악당, 발틱 현대미술관, 밀레니엄 브리지 등 도시재생 프로젝트가 성공적으로 추진되면서 이제는 문화예술 창조도시로 발전하고 있다.

잉글랜드 북부의 문화와 교육 중심도시, 뉴캐슬

뉴캐슬어폰타인Newcastle upon Tyne(이하 뉴캐슬)은 잉글랜드 북동부, 타인 강을 낀 북쪽 기슭에 위치한 타인위어 주Tyne and Wear의 중심도시이다. 시의 면적은 225km²이고, 인구는 30만 명이며, 주변 도시 게이츠헤드Gateshead와 타인사이드Tyneside 등을 포함한 타인위어 도시권은 165만 명으로 북부 잉글랜드 최대 도시다.

시내 중심 그레이 스트리트의 시작점인 광장에는 1838년 완성된 높이 40m의 그레이스 기념탑이 랜드마크가 되고, 그 인근에는 영국 내에서도 역사적으로 유명한 로열극장이 있다. 뉴캐슬의 쇼핑과 보행자 중심거리는 엘든광장 쇼핑센터, 모뉴먼트 몰로 이어지는 노섬벌랜드Northumberland 스트리트이다.

중심부에서 약간 북쪽으로 걸으면 시청사와 뉴캐슬 대학, 디자인 명문대학 노섬브리아Northumbria 대학의 부지가 시가지와 일체화된 형태로 펼쳐져 대학도시답고, 대학 내 2개 박물관을 비롯해 주변의 아트 갤러리와 아트홀 등이 전체적으로 중후하게 어울려 교육과 문화의 중심 도시임을 실감하게 한다.

영국에서 가장 아름다운 거리 그레이 스트리트Grey Street를 따라 남측으로 내려오면 타인 강 건너 게이츠헤드를 연결하는 여러 개의 다리와 철교를 볼 수 있다. 그 가운데 타인 브리지(1928년)는 당시 세계 최장의 아치형 다리로 시의 상징이 되기도 했다. 그 밑으로 보이는 작은 붉은 다리가 스윙 브리지, 그리고 가장 오래된 하이레벨 브리지(1850년)가 역사적 도시의 이미지를 잘 나타내고 있다. 특히 보행자전용다리인 밀레니엄 브리지(2001년)로 인해 멀리 반사돼 아름답게 보이는 타인 강의 모습은 매우 독특해 보였다.

타인 강에는 타인 브리지 외에도 스윙 브리지, 하이레벨 브리지 등 많은 다리들이 있다

타인 강변의 세계적 수준의 음악당 세이지 게이츠헤드

천사 조각상 Angel of the North

세계적 창조도시 뉴캐슬 · 게이츠헤드

도시재생의 세계적 조류가 되고 있는 창조도시Creative City 가운데 뉴캐슬과 게이츠헤드는 도시 마케팅을 통해 공업 · 탄광촌에서 문화예술도시로 바뀐 성공 사례로 잘 알려져 있다. 타인 강가의 키사이드Quayside는 군함 등 조선을 중심으로 매우 번성했던 지역이었지만, 산업구조가 바뀌면서 20세기 후반부터는 공장 중 상당수가 사라져서 실업자가 넘치는 황폐한 지역으로 변했다.

이후 창조도시로 성공하게 된 첫 계기는 키사이드에서 약 10km 떨어진 폐광 언덕에 있는 거대한 철제 조각상 '북쪽의 천사Angel of the North'이다. 유명한 안토니 곰리Antony Gormley의 작품으로 20m 높이와 가로 54m의 날개는 점보제트기보다 크다. 영국의 7대 신비에 선정되는 등 최고 공공미술품으로 높은 평가를 받을 정도다.

그리고 제분소 공장 외관을 보전한 볼틱Baltic(2002년) 센터는 영국 최대 현대 미술관이라고 일컬어지고 있다. 전시소장품을 갖지 않고 거기에 작가들이 체류하면서 현대 미술작품을 만들자는 콘셉트로 운영되고 있다. 또한 영국 대표 건축가 노먼 포스터의 작품으로 3000개의 스테인리스 패널이 은빛으로 빛나는 세이지 게이츠헤드the Sage Gateshead Music Center(2004년)는 두 도시를 이어주는 밀레니엄 브리지와 함께 창조도시 뉴캐슬과 게이츠헤드의 상징이 되고 있다.

문화예술도시
도시재생의 성공 비결

도시 마케팅 전략을 통해 타인 강가에는 고급 아파트나 호텔이 들어서고 뉴캐슬의 키사이드와 게이츠헤드 키Quays는 많은 사람들이 모여들어 과거의 황폐함이 믿겨지지 않을 정도로 변모했다.

이러한 재생 프로젝트의 추진 과정과 성공 배경을 간략히 살펴보자면, 무엇보다도 1998년 천사 조각상의 성공이 계기가 돼 투자가 순조롭게 진행됐다. 그리고 2000년 두 도시가 살기 좋고 매력적인 곳이라는 브랜드 가치를 국내외 홍보하는 기구인 뉴캐슬-게이츠헤드 이니셔티브(NGI)가 큰 역할을 했다.

키사이드와 게이츠헤드의 연안 개발은 두 개 시위원회와 영국의 실질적인 문화정책 집행기관인 아트위원회, 중앙정부의 지역개발국 ONEOne North East이 공동으로 자금을 잘 활용했기 때문이다. EU 또한 뉴캐슬게이츠헤드 개발에 유럽지역개발기금ERDF을 지원했었다.

결과적으로 볼 때 문화 주도 재생정책의 강력한 리더십과 함께 시민들도 퍼블릭 아트가 두 도시재생에 있어서 공통의 목표가 된다는 신념하에 적극 협력했고, 참여를 유도하는 시의 소통 방식 또한 오늘날 뉴캐슬과 게이츠헤드를 주목받는 문화예술 창조도시로 만드는 데에 큰 몫을 했다고 볼 수 있다.

뉴캐슬과 게이츠헤드를 연결하는 보행자전용다리 밀레니엄 브리지

세계 최초로 2025년까지 이산화탄소 배출 제로 목표

뉴캐슬은 세계에서 처음으로 이산화탄소(CO_2) 배출 제로 도시를 목표로, 클린 에너지 및 식재사업을 위한 재원을 마련하고, 지역 경제의 경쟁력과 효율성을 향상시켜 기술 혁신의 중심지로 알리기 위해서 에너지 절감과 온난화 방지 그린사업 등을 2003년 10월부터 현재까지 실시 중에 있다. 이 사업은 뉴캐슬 시를 중심으로 국가와 전력회사, 공공교통기관 등으로부터 기금을 마련해 조직을 만들었고 전문단체 등과 동반 관계를 맺어 공동 운영하고 있다.

탄소제로도시를 위한 캠페인 방법은 ①시민과 기업이 얼마나 CO_2를 배출하고 있는지 간편하게 측정하여 ②대처 가능한 감축대책을 제시하고 실행하며 ③삭감할 수 없는 CO_2 배출량은 금액으로 상쇄(CO_2 환산 1톤당 16파운드)하고 ④다양한 정부기관 및 단체, 민간기업 등이 많이 참여할 수 있는 조직을 만들어 활동하고 ⑤재생가능한 에너지 도입사업을 지원하는 것이다.

실제 각 세대의 CO_2 배출량을 파악하고, 기업과 단체에게는 삭감 방법과 대책 및 기금 적립을 지원하고 에너지와 식재사업 등의 활동을 적극적으로 수행했다. 캠페인 시작부터 현재까지 사업 시행 결과 3000세대, 700개 기업 이상이 그린 전력을 이용해 연간 4000톤을 절감했고, 전체적으로 총 50000톤의 CO_2 감소 효과를 가져왔다고 한다(www.carbonneutralnewcastle.com).

뉴캐슬 철도 구간 뒤로 세인트 니콜라스 대성당이 멀리 보인다

시내 중심 그레이스 스트리트, 자동차 통행금지(No Cars, 7am–7pm)

뉴캐슬 주변 랜드마크 및 주요 거리 등을 알려주는 방향표지판

아름다운 거리로 유명한 그레이 스트리트, 로열극장(Theatre Royal Newcastle)

14세기에 복원된 세인트 니콜라스 대성당

그레이스 기념탑 앞 광장의 무료 공용자전거 Scratch Bikes

시내 중심부 차량 통행 규제, 교통정온화

영국의 '홈 존Home Zone'은 자동차 운전 속도를 줄여 차보다 보행자를 우선시하고 교통안전을 위해서 도입된 교통정온화Traffic Calming 기법이다. 뉴캐슬의 경우도 신규주택개발지구 내 도로에는 모두 홈 존으로 설계해 최고 제한 속도를 존20(20mile)로 하고, 스쿨존의 경우 시속 16km/h까지 낮춤으로써 교통약자와 보행자 중심의 안전한 교통 환경을 조성하고 있다.

특히 영국에서 가장 아름다운 거리로 선정된 바 있는 그레이 스트리트Grey Street의 시내 중심은 오전 7시부터 오후 7시까지 시간대별로 승용차를 운행금지No Cars함으로써 대중교통과 보행자를 위한 교통수요관리를 철저히 시행하고 있다. 그 외에도 시내 전역에 자전거도로를 정비해 통근과 통학 시 좀 더 자전거를 많이 이용할 수 있도록 하는 캠페인 'Newcastle Cycling Campaign'도 실시하고 있으며, 시내 주요 지점에 150대의 무료 공용자전거 스크래치 바이크Scratch Bikes도 도입하는 등 지속가능한 교통정책을 활발히 추진하고 있었다(www.scratchbikes.co.uk).

프랑크푸르트

유럽중앙은행이 입지한 금융의 도시

독일 프랑크푸르트는 유럽 교통의 관문으로 최대의 국제공항이 있어서 전 세계 비즈니스맨들이 몰리는 금융의 도시, 국제박람회 도시로 잘 알려져 있다. 특히 중앙역은 독일 최대 수송량을 자랑하고, H-Bahn, U-Bahn 등 근거리 철도교통망이 잘 갖춰져 있다. 그리고 그린시티답게 도심과 마인 강변까지 이어지는 넓은 오픈스페이스와 공원들, 존30과 자전거, 보행자 중심의 교통 컨트롤이 잘 이루어지고 있다.

유럽 경제와 문화의 중심, 마인 강의 프랑크푸르트

프랑크푸르트 암 마인Frankfurt am Main은 독일 서부 헤센 주, 라인 강의 지류인 마인 강 연안에 위치하고 있다. 면적은 248km², 2014년 기준 시 인구는 71만4000명, 프랑크푸르트 라인-마인Rhein-Main 도시권은 222만 명으로 독일의 경제적인 중심지다. 유로의 총본산인 유럽중앙은행을 비롯 독일연방은행과 대형은행 본점과 증권거래소, 외국계 금융기관들이 입지해 있어서 유럽 제일의 금융도시로 불리고 있다.

프랑크푸르트 중앙역Haupt bahnhof에서 중심지 뢰머 광장까지는 트램으로 두세 정거장 떨어져 있다. 중심업무지구CBD에는 상업 · 금융의 중심을 상징하는 초고층 빌딩이 밀집된 현대적인 모습이지만, 18세기 황제 대관식이 거행된 카이저 돔 대성당과 뢰머 광장에 이르는 역사적인 건물들, 중세 마을의 좁은 골목길 전통요리와 맛집이 모여있는 작센하우젠Sachsenhausen, 마인 강변 등지에서 유서 깊은 도시 분위기와 세계적 문호 괴테의 문화적 정취를 느낄 수 있다.

프랑크푸르트 마인 강변 유람선 선착장

박람회 도시, 세계 최대의 모터쇼와 매년 10월 열리는 북 페어

프랑크푸르트의 또 다른 특징은 국제적인 박람회 도시로 유명한 것이다. 1485년 시작된 세계 최대의 프랑크푸르트 북 페어Frankfurter Buchmesse가 매년 10월에 열리고, 2년마다 한 번씩 모터쇼가 열리고 있다. 2015년에는 9월 17일부터 27일까지 모빌리티 커넥츠mobility connects'를 테마로 모터쇼66th Internatinal Motor Show가 열렸는데, 미래의 이동성과 친환경 콘셉트 카 등 신차만 210여 대가 출품돼 역대 최대 규모로 구성됐다.

그 외에도 Dining, Giving, Living 등 3개의 주제로 한 소비재 박람회Ambiente, 음악악기 박람회Musikmesse, 마인 강변 페스트Mainfest, 미술관 · 박물관 거리 축제Museumsufer, 독일 최대의 식물원 파르 멘 가루텐에서 열리는 가을의 정원축제Herbstfest 등 수많은 이벤트가 연중 펼쳐지고 있다(www.frankfurt.de).

독일 최대 사통팔달의 교통망을 갖춘 프랑크푸르트

프랑크푸르트는 유럽 중앙에 위치한 지리적 조건으로 인해 철도, 내륙수운, 항공을 비롯해 아우토반 A3(쾰른-뮌

중앙역에서 구시가지로 이어지는 뮌쉐너 거리(Munchener str.)를 운행하는 트램

헨) 및 A5(하노버-바젤)가 연결되는 도로 교통의 요충지다.

철도 중앙역은 유럽 최대 규모로 24개 승강장에 ICE, IC 등 하루 약 45만 명 이상이 이용하는 독일에서 중요한 환승역이다. 지하에는 광역철도 S-Bahn과 일반지하철 U-Bahn 각각 4개 노선 등이 경유하고 있다.

역을 나서게 되면 광장에 도이체반DB 공용자전거 Call A Bike와 카 쉐어링 전기차가 눈에 띈다. 그리고 시내 교통은 9개 노선의 U-Bahn, 10개 트램과 버스 노선이 운행되고 있으며 하나의 티켓으로 대중교통 시스템을 쉽게 이용할 수 있다.

프랑크푸르트 암 마인 공항의 최대 복합시설, 더 스퀘어

프랑크푸르트 국제공항Flughafen Frankfurt am Main은 독일 최대 규모의 공항으로 도심 남서쪽 12km 지점에 위치하고, 중앙역까지 에스반S-Bahn으로 20분 이내에 갈 수 있어 접근성이 매우 좋다. 유럽에서는 런던 히드로Heathrow 공항에 이어 국제선의 주요 허브 공항 중 하나이다.

프랑크푸르트 공항역은 승강장 1번에서 3번까지 근거리 역과 4번에서 7번까지 원거리 역으로 나뉘

금융의 중심지답게 유럽중앙은행을 비롯해 많은 은행이 입지

독일철도공사의 공용자전거 Call A Bike

바이크 앤드 비즈니스(Bike+Business) 제도 도입 등으로 시내 자전거 분담률이 매우 높다

FRANKFURTER
BAR BISTRO
MARABU

구시가지 일대는 Zone30 속도 규제로 보행 및 자전거 이용편의를 제공한다

독일 국민회의가 처음 열렸던 장크트 파울 교회

어져 있다. 원거리 역에서는 고속열차ICE와 지역간열차IC를 이용해 독일과 유럽 각 주요 도시로 곧바로 이동할 수 있다.

공항의 새로운 랜드마크가 되고 있는 더 스퀘어The Squaire는 square와 air의 합성어로, 2011년에 완공된 New Work City이다(www.thesquaire.com). 건물은 철도 선로를 따라서 길이 660m, 폭 65m, 높이 45m(9층 높이), 총연면적 14만m²에 이르는 돔 형상의 매우 거대한 공항복합시설로, 프랑크푸르트가 명실공이 21세기 유럽의 비즈니스와 관광의 관문이 되고 있는 것을 확인할 수 있다.

자전거 이용확대 종합계획, 자전거와 자동차의 공유

독일의 자전거 이용확대 종합계획National Cycling Plan 2002-2012 Ride Your Bike을 토대로 자전거도로가 정비됐고, 바이크 앤드 비즈니스Bike+Business라는 제도 도입 등으로 자전거의 수단 분담률은 네덜란드의 27% 수준을 목표로 해 상당한 성과를 거두었다고 한다. 2013년 새로운 계획이 발표됐고, 프랑크푸르트는 마인 강변까지 이어지는 여러 자전거도로의 정비가 이루어지고 있다.

특히 Cityring에 둘러싸인 도로 대부분의 차도를 자전거 차선과 같이 사용하고 있다. 이렇게 자동차와

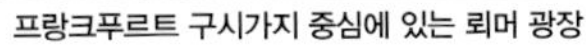
프랑크푸르트 구시가지 중심에 있는 뢰머 광장

중앙역 광장에 설치된 카 쉐어링 전기차와 공영자전거

공유하게 되면 사고 위험이 많을 것으로 생각되지만, 이곳에서는 오른쪽으로 주행하는 자전거가 오히려 잘 보이기 때문에 운전에 주의하고, 자동차의 양보 운전 매너가 이미 정착됨으로써 자전거와 차량 통행에 크게 문제가 되지 않는 것 같다.

이러한 배경에는 1990년대부터 Zone30이 도입되면서 자전거 주행 공간을 정비할 때 30km/h 속도 규제를 바탕으로 차량과 보행자, 자전거가 공존하는 정책을 펼치고 있기 때문이다. 특히 시내 곳곳에 지정된 Zone30과 보차공존도로에서 자전거를 타는 모습을 많이 볼 수 있어서 지속가능 도시를 실감하게 된다.

마인 강변에서 바라본 프랑크푸르트를 대표하는 대성당

모스크바

유럽의 메가시티, 러시아의 심장

러시아의 모스크바는 유럽에서 가장 인구가 많은 세계적인 도시지만, 교통네트워크 및 자동차 통행에 대한 컨트롤이 미흡해 항상 교통정체가 심하다. 이에 도심부 주차장을 모두 유료화하는 교통수요관리를 하고 있다. 특히 모스크바 지하철 메트로는 총 12개 노선에 1일 수송량이 800만 명 이상으로 세계에서 가장 많은 이용객과 아름다운 역사로 유명하다.

MOSCOW

세계적 글로벌 시티, 백만장자가 가장 많은 도시

모스크바Moscow는 1917년 혁명 이후 러시아와 소비에트 연방의 수도로서 당시 인구가 170만 명이었으나, 2014년 현재 1220만 명(도시권 1680만 명), 면적은 2511km²로 유럽에서 가장 인구가 많은 메가시티로 발전했다.

모스크바는 도시 GDP 또한 런던, 파리에 이어 유럽에서 제3위를 기록하고 있으며, 2012년 미국 경제지 포브스Forbes 통계에 따르면 개인 자산을 10억 달러 이상 가진 백만장자의 수가 뉴욕을 제치고 세계 제일의 도시가 됐다고 한다. 그리고 시의 예산 규모에 있어서도 뉴욕 시에 이어 제2위를 차지하고 있다.

이처럼 모스크바는 세계 금융의 중심지로서 높은 성장을 거듭해 왔으며, 새로운 랜드마크가 된 Moscow City 프로젝트와 놀라운 발전 모습 등을 보면 미래 성장 글로벌 세계도시연구 네트워크에서 발표한 바와 같이 세계적으로 관광객이 가장 집중하는 매력적인 도시임에 틀림없다.

모스크바의 상징, 크램린 광장으로 통하다

모스크바는 중앙에 모스크바Moskva 강을 끼고 크램린Kremlin으로 부터 모든 방사상으로 간선도로가 뻗어 있

모스크바 최대의 보행자 전용도로, 3km에 이르는 아르밧 거리(Arbat Street)

최근 도입된 공용 자전거 벨로바이크. 시내 283개 스테이션을 갖추고 있다

크렘린과 붉은 광장 주변 마르크스대로 등 시내 구간 통행량이 가장 많다

러시아의 남쪽 지역과 우크라이나 등을 연결하는 키에브스키 역 광장

다. 그리고 크램린과 붉은 광장을 중심으로 마르크스대로, 강변도로가 둘러싸여 있으며, 그 둘레에는 각 간선도로와 연결되는 프리바아르 순환도로Boulevard Ring, 샤도보에 순환도로Garden Ring, 2003년에 완성된 모스크바 순환고속도로 등 3개의 환상도로가 있다.

크램린 정면에는 붉은 광장과 그 주변에 레닌 묘, 성 바실리 대성당과 북측으로 볼쇼이 극장 등이 있어서 모스크바의 상징적인 풍경을 한눈에 볼 수 있다.

성벽은 총연장 2.25km, 20개의 성문을 갖추고 있으며, 내부에는 여러 시대 양식의 궁전이나 대성당이 자리 잡고 있다. 이와 같이 크램린 궁전은 모스크바의 중심에 위치한 건축예술의 역사적 기념비이며 러시아의 심장으로서 그 위대함을 변함없이 느낄 수 있다.

세계 최고 수송 인원을 기록한 모스크바 지하철

메트로Metro로 불리는 모스크바 지하철은 1935년 처음 길이 11km, 13개 역을 가진 노선이 개통됐지만, 2015년 현재 운영 길이 327.5km, 노선수 12호선으로 역수는 196개 역에 이른다. 1일 수송객이 평균 800만 명 이상으로 세계에서 이용객이 가장 많으며, 이에 대처하기 위해 열차 배차 간격이 짧고 최소운전시격이

1분 15초로 유명하다.

지하철 역은 러시아의 저명한 건축가 및 조각가에 의해 디자인되고 장식됐으며, 그들의 예술적인 역량으로 전통적인 모스크바의 지하 네트워크가 창조됐다. 역사 내부는 다양한 자연석으로 장식되어, 화려한 건축양식의 박물관이나 미술관 같은 모습으로, 지하 궁전Underground Palace이라 불릴 만큼 세계적으로 명성이 높다.

제2차 세계대전 당시 승강장은 공습 시 피난장소와 구호소로 활용될 정도로, 모스크바 강을 건너는 1 · 2 · 4호선과 야우자Yauza 강의 1호선 일부 구간 등을 제외하고, 모두 대심도 지하철(최고 84m)이어서 처음 이용하기에는 다소 불편하다. 그렇지만 5호선 밤색 순환선이 모든 노선과 방사형으로 연계돼 모스크바 시내 전 지역을 편리하게 접근할 수 있다.

세계에서 가장 유명한 오페라 극장 중 하나인 볼쇼이 극장(1825년 완공)

키예프스카야(Kievskaya) 역사

벨로루스카야(Belorusskaya) 역사

지하궁전 같은 콤소몰스카야(Komsomolskaya) 역사

1호선 콤소몰스카야(Komsomolskaya-Radialnaya) 역사

모스크바의 붉은 광장 남쪽에 있는 성 바실리 대성당

시내 교통정체, 주차요금 인상

모스크바 시내의 정체 시간은 심각한 수준인데, 이는 거친 운전 습관과 교통법규 무시 등도 문제지만, 자동차 통행량이 점차 늘어남에도 불구하고 도로 정비가 새로이 이루어지지 않았기 때문이다. 이를 해결하기 위해 고심한 끝에 지난 2012년 11월부터 뒤늦게 시내 중심과 환상 도로 안에서의 주차를 모두 유료화했다.

이로 인해 환상선 내 교통량은 20~25% 감소했고, 유료 주차장 사용률은 60~80%로 평균주차시간은 50~90분까지 단축됐다고 한다. 그러나 모스크바 시는 시내 중심부 교통량이 줄어든 것은 인정하면서도 주차요금 인상의 교통수요 관리만으로 한계가 있다고 보고, 주요 교통문제와 교통정체를 감소시킬 지능형 교통시스템ITS의 개발과 스마트 업무 유지보수 사업을 시행하고 있으며, 국내 IT업체들도 활발히 참여하고 있다.

모스크바
이제 세계 도시의 자전거 인기를 실감하다

세계 여러 도시의 자전거 붐에 자극을 받아서인지 모스크바도 자전거도로를 정비 · 발전시키는 새로운 프로젝트를 시작했다. 결국 파리 벨리브Velibe 시스템과 마찬가지로 모스크바의 공용 자전거 벨로바이크Velobike가 2014년 6월 283개 역에 도입됐다. 시내 역 근처 및 모스크바 강변 등에서 자주 볼 수 있었고, 2015년 현재 11만 명이 등록하고 33만 명이 이용하고 있다(http://velobike.ru).

필자가 모스크바 현지에서 느낀 점은 10여 년 전 방문했던 때와 비교해 복합도시개발이 많이 이루어졌다는 점이고, 놀랄만하게 변한 점은 역시 자동차 수가 급격히 늘어났다는 것이다. 자전거 이용자도 많이 보이지만, 여전히 지하도를 건너야 하고 횡단보도는 아직 많이 부족해 보인다.

모스크바는 향후 자전거가 교통수단이 될 수 있도록 하기 위해, 현재 자전거도로 140km와 그 인프라 능력을 2배로 늘려 자전거 네트워크 체계를 만들 계획이라고 한다. 이제 갓 자전거에 눈을 돌린 만큼 앞으로 자전거 교통안전과 보행자를 배려한 지속적인 교통정책의 추진을 기대해 본다.

모스크바의 상징적인 크렘린 궁 입구 붉은 광장

바르셀로나

세계적 창조도시로 거듭나다

스페인 바르셀로나는 지난 1992년 올림픽과 2004년 세계문화포럼을 개최하면서 인프라 정비와 도시디자인을 업그레이드하는 등 도시재생을 통해 성장하는 도시 중 대표적인 사례로 꼽히고 있다. 항상 매력적이고 열정이 넘치는 도시답게 자전거 타는 모습이 늘어나 거리의 풍경도 바뀌고 있으며, 지속가능 교통과 창조적인 문화정책을 선도적으로 추진하면서 세계적인 창조도시로 발전을 거듭하고 있다.

삶의 열정이 넘치는 매력적인 도시

바르셀로나는 스페인 북동부에 위치하고 있는 카탈루냐 지방의 지중해 연안의 항구도시로서 바르셀로나의 주도州都이다. 면적은 101.9km², 2015년 인구는 161만 명, 도시권 약 469만 명으로 스페인의 제2의 도시이자 독자적인 문화와 카탈루냐 언어를 같이 사용하고 있다.

바르셀로나의 구시가지 고딕지구의 바르셀로나 대성당, 왕의광장, 카탈루냐 광장을 중심으로 이어지는 좁은 격자형 도로는 로마 시대와 중세도시 이전부터 중심지였으며 18세기 모습 그대로다(http://en.wikipedia.org/wiki/).

이곳 람블라스 거리Las Ramblas는 바르셀로나의 명물거리로 카탈루냐 광장에서 지중해가 시작되는 해안 콜럼버스 탑까지 약 2Km 정도 길게 보행자전용도로가 이어진다. 이곳은 각종 퍼포먼스가 열리고, 활기가 넘치는 곳으로 밤늦게까지 많은 관광객들이 몰린다.

특히 삶의 열정과 활기가 넘치는 바르셀로나를 만날 수 있는 곳은 바르셀로네타 해변이다. 필자가 방문했을 때는 마침 여름 휴가철이어서 선텐과 해수욕을 즐기는 사람들로 넘쳐났고, 저녁 무렵 바다를 배경으로 100여 명이 모여서 단체로 자유롭게 댄스파티를 하는 모습은 무척 인상 깊었다. 그리고 몬주익 언덕에 올라 미라마르 전망대에서 시내와 지중해를 한눈에 내려다보니 바르셀로나가 역시 매력적인 도시임을 실감하게 됐다.

130년 넘게 공사가 진행 중인 가우디 건축설계의 사그라다 파밀리아 성당

가우디의 위대한 유산과 문화브랜드, 미래 도시 디자인

바르셀로나는 'Barcelona Batega!' 도시브랜드 캠페인을 통해 도시 프로모션을 성공시켰다. 이러한 전략은 커뮤니케이션 활동을 '시민 입장에서', '시민이 바라는 도시를 위해서', '시민 의견에 따라 행하는'이라는 기본 원칙하에 도시의 미래 건설과 시민의 꿈을 실현하면서 함께 성장해 나가기 위한 메시지다. 캠페인은 배너, 포스터, 신문이나 잡지, 버스 광고 및 TV 등에 다양하게 로고가 활용됐다.

한편 바르셀로나의 이미지는 건축가 안토니오 가우디의 도시를 떠올리게 된다. 가우디 건축Works of Antoni Gaudi은 19세기 후반부터 20세기 초까지 활동하며 바르셀로나에 중요 작품을 남겼으며, 세상 누구도 흉내낼 수 없는 개성과 아름다움을 지녔다고 평가받고 있다. 1984년 구엘저택, 구엘공원 및 카사밀라가 세계유산에 등재된 후 2005년 바르셀로나에 있는 카사비센스, 구엘저택, 카사바트요, 카시밀라, 사그라다 파밀리아 등의 가우디 건축으로 범위가 확대됐다.

특히 130년 넘게 공사가 진행 중인 사그라다 파밀리아는 성당은 건물 내부에서는 건축가들이 여전히 공사를 계속하고 있으면서도 관광객을 받아들이고 있다. 그리고 현재에도 끊임없이 유명한 건축가들을 영입해 도시디자인을 업그레이드하고 있다.

필자가 방문했던 구웰공원의 경우 관광객이 몰려 대기행렬이 길어져서 입장을 통제할 정도였다. 이

주요 관광지를 투어할 수 있는 자전거 택시

바르셀로네타 해변 및 포럼 지역과 연계되는 트램

처럼 가우디의 위대한 유산을 감상하는 것이 바르셀로나 관광의 핵심이 되고 있으며, 바르셀로나는 문화브랜드 성공 전략으로 인해 세계적인 관광도시로 이미지가 확고해 진 것 같다.

도시재생의 성공 사례, 22@BCN 프로젝트

도시재생Urban Regeneration이란 전자 하이테크 IT산업 구조의 변화와 신도시 · 신시가지 위주의 도시 확장으로 낙후된 기존 도시를 기성 시가지의 재활성화, 도시공간구조의 기능재편, 구도심 · 구시가지 재활성화를 통합적으로 추진하는 것을 의미한다. 이러한 도시재생을 통해 삶의 질 향상과 도시경쟁력을 제고하기 위해 국내에서도 최근 높은 관심 하에 추진되고 있다(http://kourc.or.kr/). 이미 유럽에서는 도시재생이 1980년대 후반부터, 일본에서는 2001년 고이즈미 정권부터 활발히 추진돼 왔다. 그리고 이제까지 추진한 세계의 도시재생 성공 사례를 모아 동경대학 도시지속가능연구회에서 『세계의 SSD100』을 발간한 바 있다(필자 번역, 살고 싶은 도시100). 이 책에서도 도시재생 사례 가운데 바르셀로나의 22@BCN 프로젝트를 대표적으로 다루고 있는데, 브라운필드의 재생에 관한 주요 포인트만 소개하면 다음과 같다.

포블레노우Poblenou는 19세기 산업혁명 이후 섬유산업이 번창해 중요한 공업지역이었으나, 생산력이

구시가지 고딕지구의 바르셀로나 대성당 앞 노바 광장

바르셀로나에 있는 가우디 건축으로 2005년 유네스코 세계문화유산 확대

건축가 안토니오 가우디 성당을 보기 위해 연일 관광객이 몰린다

쇠퇴하면서 1963~1990년 사이에 1300여 개 공장이 문을 닫는 등 지구의 탈공업화가 진행됐다. 이에 1987~2000년 사이에 올림픽을 위해 도로망을 정비하고, 이 지역을 ICT와 바이오 등 지식기반산업을 중심으로 3개 지구(약 198ha, 155블럭)를 대상으로 융합적인 콤팩트 시티를 만드는 22@BCN 프로젝트를 추진하게 된다. 2011년 말 현재 4500여 개 기업에 약 5600여 명의 새로운 고용 창출을 비롯해 다양한 문화 공간 및 지역주민과 교류 확대 등 삶의 질 향상과 도시경쟁력을 제고하기 위해 노력하고 있다(www.22barcelona.com). 특히 장누벨이 설계한 지상 34층(높이 146m) 규모의 토레 아그바르Torre Agbar는 이미 바르셀로나의 새로운 랜드마크가 됐다.

EU 지속가능 교통정책 프로젝트 CIVITAS 참여

유럽연합EU에서는 교통정책과 도시재생 분야에 있어서 혁신적인 사업을 추진하는 도시에 대해 자금을 지원하는 CIVITASCity VITAlity Sustainability 프로그램을 2002년부터 실시하고 있다. 지속가능한 녹색성장, 에너지 효율이 높은 도시교통 실현을 목적으로 하고 있는데, 바르셀로나는 'CIVITAS I(2002-2006); MIRACLES'에 초창기에 참여해 기존 자동차 중심에서 변화된, 도시 내 교통에서 모든 사람들이 안전한 이동성을 보장받도록 하는 시책을 추진한 바 있다. 그 당시 공영자전거 비씽Bicing을 도입했고, 도로 다이어트에 의한 자전거도로carril bici, Zone 30(30km/h 속도제한)을 설치하는 등 교통정온화Traffic calming 기법을 도입하는 시도가 이루어졌다.

현재 바르셀로나 메트로는 163개 역에 총 11개 노선이며, 바르셀로나 교통국TMB이 주요 지하노선을 운영하고, 그 외 카타루냐 공영철도FGC에서 광역도시권의 통근노선 3개 노선을 운영하고 있다. 1일 이용객수는 113만 명에 이른다. 구시가지 고딕지구의 역사적인 건물을 보존하면서 시가지를 운행하는 트램은 2004년부터 정비가 이루어져서 서측으로는 트램 Trambaix 3개 노선 총 15.1km, 동측으로는 트램 Trambesòs 3개 노선 14.1km로 2개 계통이 운행되고 있다.

바르셀로나 시내가 한 눈에 보이는 가우디 조각의 구엘 공원(1907년 완공)

구시가지 고딕지구 중심에 위치한 바르셀로나 대성당

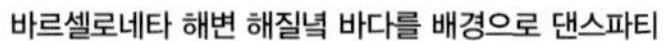

바르셀로네타 해변 해질녘 바다를 배경으로 댄스파티

2007년 도입된 공영자전거, 카탈루냐 광장에 있는 Bicing

거리의 풍경을 변화시킨 공용자전거, BiCiNg

바르셀로나는 바이싱Bicing 때문인지 수년 전에 비해 자전거 타는 사람이 무척 늘어나 거리의 풍경이 바뀌는 듯한 인상을 받았다. 지중해안에 위치해 연중 온난하고 비가 적어서 자전거 타기가 아주 좋은 여건을 갖추고 있어서 스페인에서 가장 활기 있는 자전거 도시로 이미 정착한 듯하다.

지난 2007년 4월에 도입된 Bicing은 바르셀로나 시에서 운영하는 자전거 대여 시스템으로, 처음에는 14개 대여소와 자전거 200여 대로 시작했지만, 지금은 460여 개소에 6000여 대의 대여 자전거를 운영해 300~400m 간격으로 설치돼 있다. 이는 지하철 역 163개보다 약 2.8배나 많아 이용자의 접근성을 크게 향상시켰다. 그리고 기존 대중교통과의 높은 연계 교통수단으로 이용할 수 있도록 지하철역에는 가장 가까운 무인대여소의 위치를 알리는 표지판이 설치돼 있다. 이용요금은 30분까지 무료이고 60분 이후 30분 단위로 2시간까지 0.7유로를 부가하고 2시간이 지나면 시간당 4.2유로의 벌과금이 있다(www.bicing.cat).

Bicing 외에도 바르셀로나 여러 곳에 자전거투어를 위한 BICI, Green Bike 등 렌탈 자전거가 있어서 주요 시설과 공원, 광장, 랜드마크 주변에 이동성을 크게 향상시키고 있다. 특히 도로 다이어트에 의한 자선거도로가 많이 확충됐고 바르셀로네타 해변을 따라 길게 펼쳐진 자전거전용도로는 바르셀로나를 찾는 관광객들에게 인기가 높은 코스이기도 하다.

리스본

엑스포 지구와 연계한 대규모 역세권개발

대중교통중심개발TOD은 도시의 무분별한 외연적 확산을 억제하고, 승용차 의존적인 통행 패턴을 대중교통 중심으로 변화시키는 지속가능 도시개발의 주요기법으로 적용되고 있다. 리스본은 EXPO '98을 개최하면서 국제공원과 오리엔트 역을 중심으로 대규모 환승센터와 쇼핑센터, 고밀주거지역 등 TOD로 인한 새로운 도시발전의 성공 모델을 보여주고 있다.

유럽 대륙 서쪽 땅끝, 7개 언덕으로 이루어진 포르투갈의 수도

리스본Lisbon(포르투갈어: Lisboa)은 포르투갈의 수도이며, 정치, 경제, 문화, 교육의 중심으로서 포르투갈 최대의 도시다. 면적은 84.8km², 인구 55만 명이며, 도시권은 305만 명으로 포르투갈 인구의 약 25%가 집중돼 있다.

대서양으로 이어지는 테주 강의 하구에 위치한 항만 도시로서 유고한 역사를 간직한 리스본은 13세기 대항해 시대에 번영의 중심이었다. 15세기 초반에는 바스코 다 가마Vasco da Gama의 인도항로 발견 등 대항해 시대의 개막과 함께 세계 무역의 중심 대도시가 됐으나, 리스본 대지진(1755년)으로 수많은 인명 피해와 도시의 70%가 파괴되는 불운을 겪었다. 하지만 당시 도시를 잘 복원해 근대도시로 변모했다.

구시가지의 대부분은 테조 강 바로 언덕 위에 급경사지를 이용한 개발로 비탈이 많으며, 이 거리에 있는 중세의 고풍스러운 건축물이나 7개의 언덕을 오르내리는 전차, 예스러움이 묻어나오는 골목길들은 유럽문화도시로 지정될 만큼 아름다운 도시의 역사를 묵묵히 말해주고 있다.

국제박람회 계기 대대적 도시 재개발 추진

포르투갈 경제는 과거의 영광과는 대조적으로 침체가 계속됐지만 1986년에 유럽공동체EU 가입을 계기로 낙후된 경제 및 사회 발전의 전환점을 맞게 된다. 즉 개발이 저조한 지역에 할당되는 EU보조금과 시장 개

테조 강(Rio Tejo)에 접한 리스본 최대 코메르시우 광장, 중앙에 대지진 당시 왕, 주제 1세 기마상

언덕의 도시, 리스본의 아름다운 시가지를 형성하고 있다

구시가지 급경사지를 오르내리는 리스본의 명물 시가전차

방 이후, 자유민주주의와 시장경제체제로의 정부 개혁과 개방정책으로 자유로운 민주국가로 발전하게 됨으로써 1986년 이후 EU 내에서 가장 급속히 성장하는 국가에 속하게 된다.

리스본의 경우 과다한 인구 집중에 의한 시중심부의 교통정체, 방사상의 도로 구조와 오래된 거리나 유적이 많이 남아 미로와 같이 좁은 돌계단과 비탈길 등 도로 사정이 나쁜 상황이다. 그럼에도 불구하고 1998년 리스본에서 바스코 다 가마의 인도항로 발견 500주년을 기념한 '98 리스본 국제박람회EXPO '98를 계기로, 시중심부 서쪽의 고지대에 위치하는 알파마Alfama 지구의 재개발을 비롯해, 시아드 지구를 18세기 이래의 거리 풍경으로 복구하는 재개발 등 도시개발계획이 추진됐고, 유럽 최고의 미래형 도시를 완성하고 있다.

엑스포 지구의 장기개발 프로젝트

20세기 마지막 엑스포라는 '98 리스본 엑스포는 '바다의 미래를 위한 유산The Oceons- A Heritage for the Future'이라는 주제로 1998년 5월부터 9월까지 테주 강 하류에서 열렸으며, 160개국 14개 국제기구가 참여해 1230만 명의 입장객을 기록하며 아주 성공한 엑스포로 평가받고 있다.

시청사 앞 코메르시우 광장의 관광전차

지하철 4개 노선이 로시우 광장을 중심으로 시 중심부만 운행한다

엑스포 지구의 개발은 1992년에 해양 박람회가 결정됐을 때 시작됐으며, 정부에서 파크엑스포Parkexpo라는 회사를 설립하고 정부와 EU의 지원을 받아 330ha를 4개의 구역으로 나누어서 프로젝트를 진행했다고 한다. 또한 박람회를 개최하는 과정에서 석유기지와 컨테이너기지, 군사시설도 이전했으며, 도살장 및 쓰레기 처리장이 인접해 혐오시설이 밀집한 빈민가로 가장 더러운 강이라고 했던 곳을 아주 깨끗하게 정화하게 된 것이다.

엑스포가 시작된 1998년은 10개년 도시계획의 원년이 됐다. 즉 엑스포가 끝난 후 2010년까지 장기개발계획 프로젝트의 일환으로 엑스포 인근 지역을 미개발 빈민지역에서 고밀도 주거단지, 대규모 바스크 다 가마 쇼핑센터 건설 및 EXPO가 열렸던 국제공원 등을 오리엔트 역Gare do Oriente과 연계해 건설함으로써 상업 및 문화 레저 공간이 복합된 리스본의 새로운 도심권으로 변화하게 됐다.

오리엔트 역 중심 대중교통중심개발

리스본 엑스포는 엑스포의 성공적인 개최와 그 이후 도시 발전이라는 일거양득을 거둔 좋은 선례로 평가되고 있는데, 그 가운데에서도 오리엔트 역의 대규모 환승센터의 입지와 역세권 개발 등 대중교통중심개발

(TOD; Transit Oriented Development)은 전 세계적으로 벤치마킹할 만한 주요한 성과라고 볼 수 있다.

TOD란 대중교통중심개발을 의미하는 말로 토지 이용과 교통의 연관성을 강조하면서 도시계획적인 측면에서 고밀의 복합적 토지 이용을 통해 무분별한 도시의 외연적 확산을 억제하고, 대중교통 중심의 보행친화적인 교통체계 환경을 유도하자는 것이다.

이러한 측면에서 볼 때 오리엔트 역은 국제고속열차, 국철, 지하철이 모두 정차하는 대중교통 결절점A Transit Center으로서, 도보로 접근 가능한 범위에 대규모 버스터미널과 환승센터가 입지할 뿐만 아니라, 엑스포 지구 일대는 고밀도Density의 복합적 토지 이용Mixed Use of Land으로 TOD 개발의 계획 요소를 모두 훌륭하게 갖춘 사례다.

이는 리스본의 도로망이 교외에서 도심부의 코메루시우 광장으로 향하는 방사상으로 구성돼 있고, 고속도로는 도심으로부터 4km 정도 떨어져 반 순환선 형태로 돼 있는 입지조건을 가졌을 뿐만 아니라, 1755년의 대지진으로 피해를 받지 않았던 시중심부 서쪽의 고지대에 위치하는 알파마 지구를 중심으로 한 구시가지의 도로는 지형적인 제약이 있어서 폭, 선형이 불량해 도로 정비가 어려운 상황이기 때문이다.

따라서 교외에 지하철을 건설하면서 역에 대규모 주차장을 정비해 대중교통수단을 이용한 통근을 정책적으로 유도하게 됐고, 엑스포 지구의 개발과 맞물렸기 때문에 TOD 개발을 성공적으로 추진하게 된 것이다.

피게이라 광장에서 벨렝 지구로 가는 15번 트램 회전교차로

오리엔트 역의 복합환승터미널과 연결된 바스코 다 가마 쇼핑센터

구시가지 급경사지를 운행하는 노면전차

리스본의 도시 내 대중교통수단은 지하철 4개 노선, 버스 93개 노선, 노면전차/LRT 7개 노선, 에스컬레이터escalator · 엘리베이터 전차 4개 노선, 교외 철도 1개 노선이 있다. 수단 분담율이 가장 높은 것은 버스로, 시내뿐만 아니라 교외나 주요 도시 간에 빠짐없이 노선망이 있다.

지하철의 경우 '리스본 엑스포'를 계기로 도심과 엑스포 회장을 묶는 새로운 노선(D라인)을 건설하는 등 대폭적인 확장과 개량을 진행했지만, 노면전차는 최전성기에 비해 노선 규모를 1/2 이하까지 축소하고 있다. 리스본의 가파른 지형적인 제약 때문에 세계적으로 보기 드물게 대중교통수단으로서 에스컬레이터 · 엘리베이터가 노면전차나 버스와 같은 운영회사인 Carris가 운영하고 있어 운임 체계도 동일하다.

특히 고지대인 바이루 알투Bairro Alto 지구와 저지대인 바이샤Baixa 지구를 오가는 28번 명물전차는 리스본을 찾는 여행객이 가장 많이 타는 유명한 노선 중 하나로 귀중한 관광자원으로 활용되고 있다.

테주 강가를 따라 벨렝Belem 지구와 도심부를 연결하는 노선은 궤도를 전용화하고 선형 개량과 확폭을 통해 신형(저상차) 노면전차 10편성을 투입해 새로이 운행하고 있으며, 향후 리스본의 교외부와 신시가지에서도 LRT의 도입 계획이 진행되고 있다.

스페인의 세계적인 건축가 산티아고 칼라트라바(Santiago Calatrava)가 설계한 오리엔트 역

1998년 리스본 엑스포가 개최된 국제공원

바르샤바

복원된 역사지구, 최초의 세계유산

제2차 세계대전 당시 나치 독일군에 의해 도시의 형태가 완전히 파괴돼 잿더미가 된 폴란드의 바르샤바는 역사적인 벽돌 한 장, 벽의 갈라짐까지 충실하게 복원해 폴란드인의 혼이 깃든 영혼의 도시로 잘 알려져 있다. 이러한 바르샤바 역사지구는 파괴된 역사를 복원하려는 불굴의 의지를 인정해 등록된 최초의 세계유산이다.

중세의 모습을 그대로 간직하고 있는 바르샤바

폴란드의 바르샤바Warsaw는 1596년 크라쿠프Cracow에서 수도가 이전된 이래 정치, 경제, 문화, 과학의 중심지로서 14세기부터 19세기까지 고딕 · 신고전주의의 역사적 건축물이 즐비해 북쪽의 파리라고 불렸던 아름다운 도시였다. 현재는 170만 명의 인구와 512km² 면적에 2004년 EU에 가입됐으며 매우 다이내믹하게 지속가능한 미래 도시로 발전하고 있지만, 독일과 러시아와 접해 수많은 침략과 전쟁 속에 과거의 슬픈 역사를 간직하고 있다.

전 세계를 울린 감동적인 영화 '피아니스트'는 폴란드 음악가 블라디슬로프 스필만Wladyslaw Szpilman의 일대기를 그린 작품이지만, 이 영화를 통해서 제2차 세계대전의 나치 독일군에 처참하게 파괴된 바르샤바의 모습을 목격할 수 있었다. 그러나 이제는 바르샤바는 과거 중세의 모습을 되찾음으로써 세계유산의 가치를 충분히 인정받고 있다. 바르샤바에 도착해 처음으로 찾아갔던 역사지구의 거리를 걸으면서 14세기 양식의 성요한 성당, 시장 광장Old Town Market Place, 중세풍의 서민주택들, 옛 왕궁과 중세의 성벽과 유적 등을 보면서 느낀 점은 단순히 도시재생 차원을 넘어 폴란드인들에 대한 깊은 애정을 느낄 수 있었다.

폴란드 과거 사회주의의 상징적인 문화과학궁전(1955년)

바르샤바 역사지구 복원, 1980년 세계유산으로 등재

제2차 세계대전이 끝나가던 1944년 독일군 점령하의 바르샤바에서는 두 달여에 걸친 무장독립투쟁에 대한 독일군의 보복으로 바르샤바를 철저하게 파괴하라는 명령이 내려졌으며, 이후 나치의 패전 뒤 도시는 80% 이상이 폐허로 변했다. 그러나 살아남은 시민들은 독일군에게 희생당한 가족과 친구들의 기억을 가슴에 품고, 초토화되기 이전 한 미술 교수가 화폭으로 남겼던 3만5000장 이상의 도시 건물의 도면글과 역사적인 기록들을 하나하나 들쳐가며 벽돌 한 장, 벽의 갈라짐 하나까지 충실하게 복원하기 시작했다. 중세부터 이어져온 역사적 건축물들을 40여 년 이상의 세월에 걸쳐 복원을 하게 된 것이다.

당시 구시가지Stare Miasto는 시민 저항의 최후의 거점이었으며, 바르샤바 시민들은 비록 전쟁에서 졌지만 모든 것을 미래를 위한 전후 복구에 바치게 된다. 이렇게 예전의 모습으로 복원된 바르샤바 역사지구Historic Centre of Warsaw는 그 자체의 보전 가치보다는 실제 재건 복원한 시민들의 혼과 불굴의 의지를 인정해 등록된 최초의 세계유산으로 잘 알려져 있다.

왕의 길에서 신세계로 이어지는 역사적인 거리, 보행자 몰 복원

왕의 길Trakt Krlewski은 바르샤바의 가장 대표적인 번화가다. 수백 년 역사에 의해 조성된 이 길은 많은 궁전이나 교회, 상인의 주거나 정부 관저가 20세기 중세의 모습으로 화려하게 복원됐고, 이러한 보행자 네트워크는 바르샤바의 유구한 역사를 충분히 느낄 수 있게 한다.

그리고 신세계 거리Nowy Swiat Street에는 17세기 중반부터 18세기와 폴란드 입헌왕국시대에 이르기까지 목조 대신 신고전 양식으로 벽돌 구조의 2층 주택들이 많았다고 한다. 19세기 후반 노비 시피아트 대로에는 많은 가게와 노천카페가 번화해 유명했지만, 제2차 세계대전 중에 완전히 파괴됐다.

지금은 옛 건물의 정면들이 모두 복원돼 곳곳에 중세 건축 양식의 건물이 늘어서 있고, 넓은 보도에는 매년 5월부터 9월까지 상시적으로 열리는 폴란드의 음악가 쇼팽 연주회의 플래카드가 휘날리며 이어지는 오픈카페와 조경시설물 등과 잘 어우러져, 항상 젊은이들과 관광객들이 몰리는 걷고 싶은 역사 가로를 형성하고 있다.

바르샤바 역사지구 입구 광장

역사지구에 폴란드 출신 교황 바오로 2세 사진이 걸린 성 안나 교회

EURO 2012에 맞추어 저상형 뉴트램과 지하철 2호선 확충

바르샤바의 노면전차Tramway는 현재 30개 노선에 총 연장 240km, 863차량이 운행돼 폴란드에서는 두 번째로 큰 규모다. 특히 지하철 연장공사가 끝난 2005년부터는 신형 차량과 트램우선신호 지능형교통시스템 도입 등 노선 정비에 중점적으로 투자하기 시작했고, 2008년 8월부터 186대의 저상형 뉴트램을 운행하고 있다. 그리고 이미 오래 전인 1950, 1960년대 체코에서 제작돼 동유럽에서 널리 보급된 타트라Tatra T1 차량은 2013년까지 모두 교체됐다.

한편 바르샤바의 지하철 1호선은 폴리테크니카Politechnika(공과대학)~카비티Kabaty 구간 11km, 11개 역이 1983년 4월 착공해 1995년 4월에 개통됐다. 처음 지하철 건설계획이 작성된 1925년부터 실제 70년이나 걸려 완성하게 된 것이다.

그 이후에도 1998년 중앙역Centrum까지 1.5km, 그리고 북측으로 노선을 계속 연장해 2006년 말에 마리몬트Marymont 역까지, 2008년 10월 종점 역까지 전체 23.1km 구간에 21개 역이 모두 개통했다. 차량은 개통 당시부터 구 소련형 표준차량(4량 편성)과 2000년부터 도입된 알스톰Alstom사의 메트로폴리스Metropolis(6량 편성)의 2종류가 운행되고 있으며 1일 약 50만 명을 수송하고 있다(www.metro.waw.pl).

바르샤바 중앙역사의 복합건물 골든테라스와 문화과학궁전의 야경

P

바르샤바 중앙역의 역세권 개방

초현대적 설계로 만들어진 중앙역의 복합쇼핑몰 골든 테라스의 내부

2007년 말 바르샤바 지하철공사Metro Warszawskie Sp.zo.o.는 동서 방향으로 지하철 2호선의 중앙 구간 6.3km와 7개 역사 등을 건설하는 프로젝트를 발표했다. 따라서 2012년 폴란드에서 개최되는 유럽축구선수권대회EURO 2012에 맞추어 지하철 2호선이 확충되면 바르샤바의 대중교통 여건은 크게 향상될 것으로 기대된다(지하철 노선계획도 참조).

중앙역 역세권 개발, 세계적인 설계 골든 테라스

최근 지속가능 교통의 주요 이슈가 철도역을 중심으로 한 대중교통중심개발(TOD; Transit Oriented Development)인데, 바르샤바 중앙역에 지난 2007년에 오픈한 대규모 복합쇼핑몰 골든 테라스(Zlote Trasy, www.zlotetarasy.pl)는 전 세계적으로 유명한 미국의 건축회사 The Jerde Partnership에서 10000m의 Glass dome을 사용한 초현대적 설계로 만들어진 작품이다.

이 복합몰의 건물 규모는 20만5000m^{2}의 25000만 유로 프로젝트로써, 총 200여 개의 점포와 호텔, 영화관 등을 비롯해 주차장 규모가 1400여 면에 이르는 등 고밀의 복합적 토지 이용을 통해 중앙역의 환승센터와 연계해 대중교통 중심의 보행친화적인 교통체계 환경을 유도하고 있다. 특히 앞으로 개통될

폴란드의 음악가 쇼팽 연주회는 매년 5월부터 9월까지 상시적으로 열린다

바르샤바의 대표적인 번화가인 왕의 길은 보행자 몰로 새롭게 복원되었다

지하철 2호선과 바르샤바 중앙역사 재정비와 함께 향후 유레일 고속철도 등이 직통운행하게 될 것이므로 새로운 바르샤바의 미래 도시를 엿볼 수 있었다.

대중교통 중심인 바르샤바의 트램은 총연장 240km에 이른다

뉴욕

지속가능도시 만들기 PlaNYC 2030

세계적인 메가시티 뉴욕시는 지속가능한 도시를 목표로 PlaNYC 2030을 발표했다.
구체적으로는 토지, 물, 교통, 에너지, 공기, 기후변화 등 6개 분야 10 항목에 대한 세부 실천계획을 작성하였다.
2030년까지 온실효과가스의 30% 감축을 목표로 하고, 대중교통수단을 확충해 통행 시간을 줄이고,
통합가로를 추진하여 자전거 이용 촉진 및 보행환경을 개선하고 있다.

뉴욕, 미국에서 가장 에너지 효율이 높은 도시

뉴욕은 뉴욕 주의 남쪽에 있는 미국 최대의 도시이자 세계적인 금융, 상업, 경제, 문화, 패션, 엔터테인먼트 등 중심지로서, 1214.4km² 면적에 2014년 인구는 849만 명(도시권 2,009만명)으로 스태튼아일랜드Staten Island, 맨해튼Manhattan, 브루클린Brooklyn, 퀸스Queens, 브롱크스Bronx 등 5개 구로 구성되어 있다. 도시의 경제규모 면에서는 도쿄에 이어 세계 2위고, 미국과 해외 각지에서 매년 5600만 명의 관광객이 방문하는 등 800여 개의 언어와 다양한 문화가 공존하는 세계적인 메가시티다.

또한 미국 내 대중교통수단의 이용률이 가장 높은 도시로, 통근 · 통학의 경우 54.6%를 차지해, 전미 대중교통 이용객의 약 1/3, 철도 이용객의 2/3를 차지한다고 한다. 잠들지 않는 도시The city that never sleeps라는 표현에 걸맞게 지하철이 24시간 운행되고 있다. 가솔린 소비량의 경우 1920년대의 평균 수준으로써 미국 전체 절약량의 반을 차지, 미국에서 가장 에너지 효율이 높은 도시이기도 하다. 한편 온실효과가스의 배출량은 미국 평균 1인당 24.5톤인데 비해 뉴욕 시는 1인당 7.1톤에 불과하다.

세계 경제의 중심지로 불리는 뉴욕 맨해튼의 거리는 언제나 활력이 넘친다

토지

- 뉴욕시민에게 적정 가격의 지속가능한 약 100만 호 주택 제공
- 뉴욕시민이 걸어서 10분 이내 접근할 수 있는 공원 조성
- 뉴욕에 있는 모든 오염된 토지를 정화

물

- 수질 오염을 줄이고 자연을 보호하며 휴양을 위한 운하 90%를 개방
- 노후화된 수도시설을 보강해 장기적인 신뢰성 확보

교통

- 수백만 명의 주민과 관광객, 직장인들을 위해 대중교통수단을 확충, 통행시간을 줄임
- 사상 최초의 뉴욕시 도로, 지하철, 철도의 양호한 시설 상태를 유지

에너지

- 에너지 기반시설을 업그레이드하여 깨끗하고 안정적인 전력 제공

공기

- 미국 주요 도시 가운데 가장 대기오염이 없는 도시 달성

기후변화

- 온실효과가스를 30% 삭감

PlaNYC 2030 10대 목표

뉴욕의 지속가능도시 만들기, PlaNYC 2030

지구의 날인 2007년 4월 22일 마이클 블룸버그 뉴욕시장은 2030을 향한 지속가능 도시를 위해 'A Greener, Greater New York' 이라는 슬로건을 내걸고 PlaNYC 2030 계획을 발표했다. 이 계획은 도시의 지속적인 성장 OpeNYC과 인프라 정비 MaintaiNYC 및 환경개선 GreeNYC를 위한 구체적인 실천 전략 등을 정하고, 추진 과정에서 실천 목표를 알기 쉽게 홍보하기 위해 토지, 물, 교통, 에너지, 공기, 기후변화 등 6개 분야에 걸쳐 총 10개 항목에 대해 어떻게 목표를 달성할시가 명시되어 있다.

교통의 경우 통행수요에 맞게 대중교통수단을 충분히 확충하여 통행시간을 줄이는 것과 도로, 지하철, 철도 등 교통시설 정비를 목표로 하고 있다. 그리고 기후변화에서는 온실효과가스를 30% 감축하고자 하는 명확한 실현 가능 목표치가 설정되어 있다(http://www.nyc.gov/html/planyc2030/html/plan/plan.shtml).

PlaNYC 2030 교통부문의 세부실천계획

PlaNYC의 교통부문 계획은 총 6개 항목의 세부 실천계획이 작성되어 있는데, 이를 간략히 소개하면 다음과 같다.

- 대중교통 인프라 확장과 건설: 주요 혼잡 구간의 이용량 증대, 맨해튼까지 접근하는 신규 통근 철도 노선 건설, 대중교통 오지 지역의 접근성 개선
- 기존 인프라의 대중교통 서비스 개선: 버스 및 지역 통근열차 서비스 개선과 확장
- 지속가능 교통수단 이용: 페리 서비스 확장, 자전거 이용 활성화

뉴욕 타임스퀘어 광장에 서 있는 뮤지컬의 전설 조지 엠 코핸(Goerge M Cohan) 동상

미국 독립 100주년을 기념한 자유의 여신상(1984년 유네스코 지정 세계유산)

- 교통 혼잡 완화 교통류 개선: 혼잡통행료 제도 시범 운용, 효율적인 도로 관리, 교통단속 강화, 물류 이동 촉진
- 도로 및 대중교통운영기관 MTA의 운영 개선
- 새로운 지역 대중교통 재원 조직의 설립 등

뉴욕 맨해튼 42nd St.와 7th Ave.가 만나는 지하철역

뉴욕에는 건물과 연결된 지하철역이 많고, 지하철은 34개 노선, 469개 역을 갖추고 있다

세계에서 가장 큰 Macy's 백화점 앞 맨해튼 거리의 야경

혼잡통행료congestion pricing의 경우 평일 6시부터 18시까지, 86가 남쪽 지역에 들어오는 차량에 한해 8달러(트럭은 21달러)를 부과하는데 이지E-Z패스 사용자는 다리, 터널에서 통행료를 할인받는다. 시에서는 6.3%의 교통량 감소로 평균 속도 7.2% 증가를 전망하고 있으며, 수익은 신설되는 SMART Financing Authority에 의해 전액 대중교통 정비 및 개선비로 사용할 계획이다.

Progress Report 2010

2010년 PlaNYC의 3년째를 맞이해 작성된 Progress Report(추진경과보고) 2010에서 교통 부문만 요약하면, 우선 대중교통의 접근 서비스를 개선해 19개 지역이 새롭게 조성된 점과 BRT 시스템 도입을 위한 노선계획 수립을 성과로 제시하고 있다. 대기오염을 줄이기 위해 청정 스쿨버스 법 제정과 택시의 약 25%를 하이브리드 차량으로, 또 72대의 트럭을 노후화된 디젤 차량에서 하이브리드나 천연가스 차량으로 교체한 점이다.

자전거의 안전과 접근성 향상을 위해 지난 3년간 200마일321.9km의 자전거도로를 증설하였고, 2030년까지 시내에 1800마일2,897km을 목표로 매년 50마일씩 늘려 갈 방침이다. 그리고 타임스퀘어와 헤럴드 광장, 매디슨 광장에 Green Light for Midtown 사업의 일환으로 시범 조성된 보행광장은 택시의 통행속도를 7% 증가시키고, 교통사고 또한 63% 감소시키는 효과를 거두었다.

뉴욕 통합가로 시행으로 대중교통과 자전거 이용이 증가하고 보행환경도 개선되고 있다

뉴욕의 통합가로Complete Streets 추진

미국에서 추진된 통합가로의 개념은 자동차, 보행, 자전거, 대중교통 등 도시 구성원 모두 안전하고 편안하고 편리하게 통행할 수 있도록 공유하는 가로를 말한다. 보행자 통행량이 많은 곳임에도 불구하고 차로에 비해 보행 공간이 적어 상충되고, 넓은 도로를 건너려면 긴 건널목을 이용해야 하기 때문에 보행자는 매우 불편했다.

이에 뉴욕의 블룸버그 시장은 가로 디자인 매뉴얼Street Design Manual을 마련하고 차량에 과도하게 할당된 가로 공간 점유 문제를 개선하기 시작했다. 일부 차로를 줄이고 조경과 휴식공간을 마련하고 자전거 도로를 확보했다. 또한 자동차 없는 도로를 조성하는 등 이제까지 자동차들이 점유했던 도시 가로를 보행자와 자전거 이용자들이 나누어 가지게 된 것이다.

이러한 뉴욕 통합가로 시행 결과 대중교통과 자전거 이용은 점점 증가했고, 보행안전이 개선되고 도심부 차량 속도는 오히려 증가하여 보행자와 자동차 운전자 모두 이로운 결과를 얻게 되었다.

세계적인 규모의 뉴욕 지하철과 교외전철 LIRR

뉴욕 지하철은 24개의 서비스 노선, 469개의 역에

plaNYC 2030에 의해 일부 보행광장으로 바뀐 맨해튼의 중심 타임스퀘어 광장

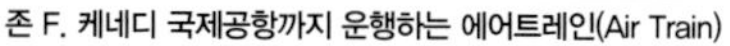
존 F. 케네디 국제공항까지 운행하는 에어트레인(Air Train)

뉴욕 교외전철 Port Washington Branch 노선의 LIRR 열차

총운영 노선연장은 375.8km이며, 2014년 현재 수송인구는 평일 평균 560만 명, 주말 323만 명에 이른다. 뉴욕 시가 소유하고 뉴욕시 교통국이 시설을 임대하여 Metropolitan Transportation Authority(MTA)가 보조 운영기관으로 참여하는 체계로 운영되고 있다. 노선의 운행 구간은 스태튼아일랜드 이외 뉴욕 시 전역을 운영하고 있으며, 몇 개의 셔틀 노선을 제외하고 모두 맨해튼을 경유하고 상호직결운행하는 점이 큰 특징이다.

뉴욕 지하철은 색으로 구분되고, A~Z, 1~7까지의 각 노선은 터미널(종점) 간의 서비스 개념으로 사용되고 있으며, 노선과 노선을 직결하여 급행과 완행열차가 같이 운영하는 방식을 채택하고 있기 때문에 일반 노선과 서비스 노선이 다르다.

롱아일랜드 철도Long Island Rail Road, LIRR는 뉴욕 시의 맨해튼과 동쪽에 위치하는 롱아일랜드를 연결하는 노선으로 MTA에 의해 운행되고 있으며, 1834년에 개통해 현재까지 운행 중인 미국에서 가장 오래된 교외철도노선이다. LIRR은 124개 역 총노선연장 1100km에 달하며, 평일 1일 평균 34만 명 이상의 승객이 이용하고 있다.

맨해튼 펜실베이니아 역Penn Station은 뉴욕 지하철 노선 대부분의 종점이고, 그 외에 브루클린 플랫부시 애비뉴 역Flatbush Avenue과 퀸스의 자메이카 역Jamaica Station은 종합환승센터 역할을 하고 있다.

리마

역사지구의 교통운영관리

페루 리마는 남미에서 아름다운 자연과 풍부한 세계문화유산으로 유명하다. 특히 역사지구에는 스페인 식민시대에 지어진 장엄하고 화려한 역사적 건축물이 즐비해 수많은 관광객이 찾고 있다. 하지만 리마 도시권의 급격한 인구 집중현상으로 교통수요가 급증했으며, 비효율적인 대중교통 서비스로 인해 심한 교통정체를 겪고 있다. 이러한 교통문제를 해결하기 위해 다양한 도시교통 운영개선 프로젝트를 적극 시행 중에 있다.

남미 5번째 세계도시, 수도권 인구 35% 집중

페루는 남미 대륙 북서부에 위치하는 면적 128만 5000km², 인구 약 2900만 명으로 콜롬비아, 에콰도르, 브라질, 볼리비아, 칠레와 국경을 접하고 있다. 국토는 연안부의 사막지대 코스타Costs(국토의 약 12%), 안데스 산맥고지 시에라Sierra(약 28%), 아마존 강 유역 셀바Selva(약 60%)의 3개 지역으로 크게 나뉘며, 각 지역의 기후 차이나 다른 역사와 풍토가 페루의 다양성과 풍부한 문화를 형성하고 있다.

자연의 아름다움과 풍부한 문화유산으로 세계적으로 유명한 페루의 수도 리마Lima는 정치, 문화, 금융, 상업, 공업의 중심지이며, 2010년 UN 통계에 의하면 근교를 포함한 리마 카랴오 도시권Lima Metropolitan Area의 인구는 894만 명(세계 27위)으로 남미의 유수한 글로벌 도시다(www.munlima.gob.pe). 그러나 매년 인구 증가율이 연평균 2.1% 이상의 급격한 증가를 계속하고 있으며, 수도권 인구의 35.3%를 차지해 대도시에의 인구 집중으로 인한 교통수요가 급증하게 됨으로써 심각한 교통정체 현상을 보이고 있다.

유네스코 세계문화유산, 리마 역사지구

리마는 1535년 스페인의 프란시스코 피사로에 의해 새

자연의 아름다움을 보전하면서 해안을 따라 도로를 정비하고 있다

리마 역사지구에는 바로크와 안달루시아 양식의 건축물들이 많다

리마의 북측과 남측 경계(Cono Norte, Cono Sur) 지구 빈곤층이 거주하는 구릉지

무질서한 버스전용차로 운영으로 대부분 구간에 정체가 심하다

로운 수도로 건설을 시작했다. 처음 건립 당시에는 The City of Kings로 불렸으며, 페루부왕조의 수도가 리마에 옮겨진 1544년 이후 페루의 중심 도시로 발전을 이룬다.

지난 잉카제국 말기나 16~19세기에 걸친 스페인 식민시대에 남미의 어느 도시 못지않게 번성했던 역사적 건축물들은 1988년에 샌프란시스코 수도원과 그 성당이 세계문화유산에 처음 등록됐고, 1991년에는 등록범위(면적 200ha)를 넓혀 리마 역사지구Historic Centre of Lima로 지정됐다.

이러한 세계문화유산은 구시가지의 마요르Mayor 광장, 산마르틴San Martin 광장을 중심으로 카테드랄cathédrale 등 바로크 양식과 안달루시아 양식의 건축물들이 많다. 대표적으로는 페루에서 가장 오래된 바실리카 성당, 콜로니얼 건축의 최고 걸작이라고도 말하는 샌프란시스코 성당, 가장 아름다운 저택 건물로 꼽히는 토레 타글레 궁전Torre Tagle Palace과 산마르코스 대학, 대통령 관저, 주교관 등이 있어서, 이곳 유서 깊은 역사지구를 찾는 관광객은 매년 크게 증가하고 있다.

대중교통 서비스 개선 급선무

리마 도시권 인구가 900여만 명에 이르지만 메트로Metro는 리마 남부 9.2km 구간에 1997년 개통된 1개 노선뿐으로 실제 도시철도 시스템은 아주 미약하여 버스 교통정체가 매우 심각하다. 장래 계획된 4개의 메인 노선과 3개의 지선 노선 건설 사업이 아직 추진되지 못하고 있지만, 최근 1호선 연장공사를 재개해 시 중심부 비자 엘 살바도르Villa El Salvador까지 2011년에 개통했다.

따라서 리마의 대중교통 서비스는 모두 대형 승합자동차Omnibus, 소형버스Microbus와 중형 콤비버스Combi가 그 역할을 담당하고, 노선 수는 무려 652개에 이른다. 그러나 464개의 개인 운수업체들이 버스를 각기 운행함으로써 손님이 많은 노선에 대한 경쟁이 심하고, 대부분 이용자가 많은 간선도로로 몰리는 현상으로 간선도로의 교통정체가 발생하고 있다. 이에 버스운행속도 저하, 경쟁력 저하, 이용자 감소, 수익 악화로 이어지는 악순환이 반복되고 있는 것이 문제다.

그 외에도 리마의 북측과 남측 경계(Cono Norte, Cono Sur) 지구 빈곤층이 거주하는 구릉지는 협소한 도로 폭 때문에 중형버스조차 운행이 불가능한 지구도 많다.

콜로니얼 건축의 최고 걸작으로 불리는 샌프란시스코 성당

센트로의 산마르틴 광장, 페루 독립운동의 큰 업적을 남긴 산마르틴 장군 기마상

교통정체 해소를 위한 ITS 도입, 교통안전 캠페인

마요르 광장을 중심으로 센트로 지구와 30여 분 정도 떨어져 있는 해안가의 신시가지구Miraflores, San Isidro 일대의 도로 여건은 대체적으로 양호하고, 시내 구간에 지능형 신호체계Intelligent traffic lights를 도입해 신호 연동화를 시행하는 홍보 플래카드가 곳곳에 보인다. 그러나 주요 간선순환도로나 교외의 주택지역과 도심을 연결하는 간선 방사형 도로에 교통량이 집중해 첨두시 일부 간선도로망의 교통정체가 아주 심각한 것을 목격하면서 버스 중복 노선 조정 등 노선 개편과 도로 용량을 증대할 수 있는 근본적인 대책이 필요하다고 느꼈다.

특히 도심부 교통 관리 개선을 위해 리마 도시권the Metropolitan Municipality of Lima 도시교통관리 홈페이지(www.gtu.munlima.gob.pe)에는 최근 스쿨버스 등록제와 교통안전 교육, 교통경찰 관계자의 교통사고 모니터링, 메인 대중교통 200여 개 운수 관계자의 워크샵 등 각종 행사 정보를 제공하고 있으며, 어린이 교통안전 교육을 위해서도 별도 콘텐츠를 마련해서 홍보하고 있다.

지속가능한 도시교통을 위한 정책 가이드 마련

일본국제협력기구JICA에서 페루 수도권 도시교통 마스터플랜을 수립하고, 2007년 마스터플랜으로 제안된 우선 순위가 높은 프로젝트에 대해서는 타당성 조사를 실시해 현재 사업을 추진 중에 있다. 기본방침은 빈곤층의 생활 향상, 양호한 도시환경의 보전, 대중교통 수송용량의 확충, 자동차 교통수요 억제에 있으며, 조기에 실시해야 할 우선순위가 높은 프로젝트로서 동서 간선버스 시스템과 도심부 교통관리 개선이 선정돼 구체적인 검토가 이루어졌다.

한편 지속가능한 도시교통을 위한 정책 가이드Policy Guidelines for Sustainable Urban Transport는 ①교통운영관리 ②대중교통 ③대체연료 ④교통인프라 ⑤교육 ⑥비동력 교통수단 부문으로 구성돼 있다. 그 가운데 교통운영관리와 대중교통 부문을 개략적으로 살펴보면 지능형 신호등 시스템 시행, 교통관리 모니터링과 감독, 경유 차량에 대해서 배출가스 관리 프로그램 시행, 교통수단간 연계교통 시스템 프로젝트, 택시의 운행대수 및 면허 관리, 시내 구간에서 버스전용차선 설치 운영, 기술과 경제적으로 능력 있는 운수회사의 홍보과 지원, 버스정류장의 정비 등이 있는데, 아무쪼록 성공적인 시행으로 장래 지속가능한 도시 리마를 기대해 본다.

리마 시내 구간에는 지능형 신호체계를 도입해 신호 연동화를 시행하고 있다

미라플로레스(Miraflores) 해안가의 신시가지구 라르코마르 대규모 쇼핑몰

푸트라자야

신행정수도, 전원 속 정보도시

말레이시아의 신행정도시 푸트라자야의 건설은 비전 2020 계획에 의해 미래 국가성장의 중심지로 육성하기 위한 프로젝트로 추진됐다. 그리고 사이버자야는 최초의 전원 속 정보도시로서, 세계의 모든 도시계획가들이 벤치마킹하기 위해서 반드시 찾게 되는 곳이다. 특히 말레이시아의 국내 기술진만으로 이러한 대규모 개발을 통해 전통적 가치와 문화를 구현해 내고 지속가능 도시를 이룩했다는 점에서 더욱 큰 의미가 있다.

Putrajaya

이슬람의 말레이시아, 미래 도시를 위한 비전 2020

말레이시아는 말레이 반도 남부와 보르네오 섬 북부를 경계로 중동과 아시아의 지리적 접점에 위치하고 있으며, 태국과 싱가포르, 브루나이, 인도네시아와 국경을 접하고 있다. 일반적으로는 말레이 반도 부분이 반도 말레이시아Semenanjung Malaysia, 보르네오 섬의 부분은 동쪽 말레이시아Malaysia Timur로 불리고 있다. 2013년 현재 면적은 32만9847km²에 인구는 3002만1000명이며, 인구의 60%가 말레이계이고, 30%가 화교, 10%가 인도계 그리고 원주민인 오랑아슬리의 네 민족이 공존하고 있다. 국교는 이슬람교지만 다민족이 사는 만큼 힌두교, 불교, 기독교 등 종교 또한 민족에 따라 다양하다.

여기서 주목할 점은 말레이시아 수상 가운데 22년간 최장기 집권한 마하티르Mahathir bin Mohamad 정부의 탁월한 리더십으로 경제가 크게 성장했으며, 말레이시아의 'Truly Asia' 고유의 관광 브랜드와 함께 장래 대 · 내외 경제 여건이 지속적으로 성장할 것으로 전망하고 있다.

이러한 배경에는 이제까지 농작물이나 광산물의 수출, 관광업에 의존했던 것에서 벗어나 2020년까지 선진국에 진입하고자하는 야심적인 프로젝트 'WAWASAN 2020(비전 2020)'을 발표하면서 말레이시아 경제 발전의 새로운 지침이 됐기 때문이다. 향후 30년간 국내 총생산을 8배 늘리고 2020년까지 연평균 6.3%의 경제성장을 목표로 하고 있다.

푸트라자야 정부청사 메인도로를 연결하는 다리

이슬람 사원인 푸트라 모스크(Putra Mosco)

푸트라자야 제1지구 정부청사 중심에 위치한 총리관저

순환도로망 체계로 도심 통과 교통을 줄였다

멀티미디어 슈퍼 코리도 프로젝트 추진

21세기를 향해 선진국에 진입하려는 계획의 일환으로 멀티미디어 슈퍼 코리도(MSC, Multimedia Super Corridor)를 말레이시아 경제 발전의 기본적인 도구로 채택했다. 이 축의 핵심이 되는 개발 지역은 사이버자야Cyberjaya와 신행정도시 푸트라자야Putrajaya, 쿠알라룸푸르 도심KLCC이며, 페트로나스 트윈타워Petronas Twin Towers에서 쿠알라룸푸르 국제공항KLIA까지 이어지는 MSC 지역은 15km×50km(750km²)의 넓이로 대규모의 물리적 개발인 동시에 정보와 지식의 개발을 창조하기 위한 새로운 패러다임이다.

이러한 MSC 프로젝트는 종합 통신망을 갖추고 국가 정보 최첨단 광통신 네트워크에 의해 전 세계 선진국 및 경제대국과 연결되고 하나의 네트워크를 통해 국제적 공동체를 건설하자는 것이다. 그런데 이러한 대규모 사업이 추진되던 시기인 1997년 아시아 통화위기가 발생했는데, 말레이시아 마하티르 정부는 IMF 구제금융을 받지 않고 통화의 안정과 재정 지출 확대, 외화 지출 금지 등으로 이듬해 마이너스 경제 성장을 벗어나기도 했다.

이외에도 주요 사회기반시설SOC을 확충하는 데 있어 정부 프로젝트에 커다란 도움을 준 두 가지 시책이 있었는데, 이는 공기업과 국영기업 일부가 단계적으로 민영화한 것과 정부와 민간 부문이 상호 이익과 국익을 위해 긴밀하게 공조한 말레이시아 주식회사 개념의 도입이었다고 한다.

푸트라자야 도시계획의 개념 및 마스터플랜

푸트라자야는 말레이시아의 새로운 행정수도로서, 쿠알라룸푸르로부터 약 25km, 국제공항으로부터는 약 20km 떨어져 있으며, MSC라고 불리는 말레이시아 최고의 첨단산업성장지역의 중심부에 위치하고 있다. 푸트라자야는 말레이시아 초대 수상 툰쿠압둘라만 'Almarhum Tunku Abdul Rahman Putra Al-Haj'에서 'Putra'와 'Jaya'는 성공을 의미한다.

최종 마스터플랜에 따르면 푸트라자야는 4400ha의 전체 지역 안에 5개의 중심업무구역과 17개의 주변부 주거중심구역으로 구성된다. 도시 건설 완료 연도를 당초 2010년에서 2015년으로 조정했고, 계획 목표 인구 32만 명 대비 21.8%에 달하는 7만 명이 거주하고 있으며, 이 중 60%가 공무원이다.

한편 푸트라자야의 성공적 요인은 도시 전체의 아이덴티티를 형성한 것으로, 주요 도시 설계 요소에 대한 도시설계지침Urban Design Guidelines을 비롯해 환경관리지침, 교통처리지침, 안내표식 및 야간조명계획 등 수많은 가이드라인을 수립해 푸트라자야가 추구하고자 하는 전통적인 말레이시아의 건축 이미지를 반영하도록 했다. 그리고 국내 기술진에 의해 통합적 설계가 이루어짐으로써 말레이시아의 위업을 세계에 알리는 계기가 됐다고 한다.

인공호수 건설, 지속가능 환경정책

푸트라자야는 계획 초기부터 자연환경의 보존과 활용에 대한 원칙을 정하고, 도시 주변을 흐르는 강물을 활용한 거대한 인공호수를 조성하여 거대한 호수와 건축물을 조화롭게 배치하겠다는 개발 구상이 독특한 테마로 이어져 도시 전체가 관광명소가 되는 효과를 얻었다.

전체 개발면적 중 37.6%는 개방된 공간으로 보존되며, 이들 습지, 완충지역, 수변공원 등 정원도시Garden city의 개념을 적용해 11개의 공원을 식물공원, 조각공원, 자연학습장 등 각각 다르게 테마별로 조성하고 있다.

특히 주된 자연경관을 구성하는 호수는 레크리에이션, 수상 스포츠, 수상교통 등 다양한 목적으로 이용된다. 자연의 보호와 관련해 가장 특징적인 부분은 200ha에 달하는 인공습지인데, 이는 호수로 유입

되는 오염물질들을 자연적으로 정화해 호수의 수질을 개선하는 역할을 한다. 이러한 자연경관의 활용과 관련된 계획시설로는 38km에 이르는 수변 산책로와 수상 레저시설들, 그리고 복합용도의 수변 상업시설 등이 있다.

도심 통과 교통과 차량 진입을 제한하는 도로 네트워크

푸트라자야의 교통체계는 기본적으로 시내와 외곽의 순환 도로망 위계를 갖추어 도심 통과 교통과 지구 내 차량 진입을 제한하고, 도시 내 중심축으로 4.2km, 폭 100m 대로를 형성하여 이동성을 확보해 대기오염과 환경오염을 최소화하는 지속가능한 도로 네트워크를 구축하고자 했나. 그리고 대중교통의 수송분담률은 70%까지 올리는 것을 목표로 설정했으나 당초 교통수요에 못 미쳐 막대한 비용이 소요되는 모노레일 18.87km 건설이 아직 추진되지 못하고 있다고 도시개발청 관계자가 설명했다(www.ppj.gov.my).

광역교통체계는 4개의 고속도로를 연결하는 것으로 구성돼 있고 KLCC와 국제공항과의 ERLExpress Rail Link이 운행되고 있으며, 이와 연계되는 경전철 모노레일을 계획했다. 고속버스는 쿠알라룸푸르 등 주요 도시와 연결되고, 간선버스는 각 개발 구역을 서로 연결시켜주고, LRT 정류장 및 주요 지역과 주거지역의 통근자를 지선버스가 수송하고 있다. 그 외에도 환승주차장과 대중교통환승시스템을 갖추어 교통수단간 환승이 가능하도록 잘 계획돼 있었다.

보행자 네트워크는 연속성과 매력적인 보행환경을 조성했고 중심부의 블러바드Boulevard는 푸트라 사원으로부터 남측의 스포츠 및 레크레이션 구역에 이르는 연속적인 보행자 도로를 제공하고 있다.

말레이시아 최초 정보도시 사이버자야

사이버자야Cyberjaya는 푸트라자야 서쪽에 인접해 있으며, 1997년 5월 총면적 2895ha(873만평), 계획인구 25만 명에 세계 정상급의 IT 기반시설과 편의시설을 갖춘 독립적인 정보도시Intelligent City로서 기업과 상업, 복합 및 5개의 저밀도 주거지역(단독, 연립, 콘도, 아파트 및 대저택)으로 구성돼 있다.

말레이시아 정부는 사이버자야로 이전할 의향이 있는 ICT 기업을 위해 이곳을 자유무역지대로 지정해 100% 소유권을 인정하고, 10년간 면세 혜택을 제공했으며, 멀티미디어 관련 기계 수입은 관세도 면제하고, 해외 자본의 자유로운 이용과 해외 지식 근로자의 자유로운 이주 등 많은 혜택을 부여했다. 그리고 이와 관련해 국영기업인 멀티미디어개발공사Multimedia Development Corporation(M-Dec)를 통해 입주에 필요한 각종 인허가를 원스톱으로 처리하고 말레이시아 은행을 통해 프로젝트 자금 확보를 지원하고 있다.

현재 사이버자야의 교육시설 및 공공시설로는 멀티미디어 대학, 림코크윙 대학, 사이버자야 의과대학 등 3개의 고등교육기관이 있고, 세계적으로 유명한 ICT 기업 Shell, Intel, IBM, Prudential, DHL, HSBC, BMW 등 12개, 그 외 MSC 기업이 100여 개가 입지하고 있으나, 다국적기업 유치는 아직 목표치를 달성하지 못한 것으로 나타났다.

그리고 사이버자야는 당초 세련되고, 역동적이고, 환경친화적인 세계적 기술 수준의 도시를 목표로 설계됐다고 하지만, 필자가 현장을 방문했을 때 공사가 중단된 건물이 여러 곳에 눈에 띄었고, 실제 중심상업지역이 아직 활성화되지 않아 근린지구 단위의 서비스만 제공하고 있었다(www.cyberjaya.msc.com).

호수를 중심으로 수상교통은 물론 레포츠와 레저시설이 마련되어 있다

싱가포르

세계 최고의 교통인프라와 교통수요관리

1965년 말레이시아 연방에서 독립한 싱가포르는 50여 년 만에 경제부국이 됐고, 세계에서 가장 충실한 교통인프라를 갖춘 도시, 비즈니스가 용이한 도시로 평가되고 있다. 좁은 국토에도 불구하고 잘 발달된 도로망과 대중교통 네트워크, 규제된 도시 개발과 교통수요관리로 인해 교통정체, 환경오염, 교통사고 등의 문제를 원활히 해결하고 있다. 이를 가능하게 한 것은 정부의 선도적인 토지이용계획과 교통인프라 정비, 세계 최초로 도입된 교통혼잡세, 자동차 등록대수 할당시스템 등이다.

독립 50주년, 세계 최고 경쟁력을 갖춘 도시로 성장

싱가포르는 말레이 반도의 끝에 위치한 여러 개의 섬으로 이루어진 도시 국가이다. 총면적은 약 700km^{2}로, 서울보다 조금 큰 면적에 인구 507만 명이 사는 세계 3위의 고밀도(7615명/km^2) 도시다.

1965년 독립국가로서 새로이 시작할 때는 아주 가난한 나라였지만, 지난 50여 년 동안 무역 교통 및 금융의 중심지로서 놀라운 경제성장을 이루어, 1인당 국민소득은 지난해 5만6300달러로 아시아 1위다. 세계경제포럼WEF이 매기는 국가경쟁력 제2위, 제3위의 외환시장이며, 콘테이너항은 중국 상하이에 이어 2위, 국제투명성기구 조사 국가청렴도는 세계 5위다.

그 외에도 독일 지멘스가 실시한 2014년 세계 35개 도시교통체계에 대한 조사에서 교통 혼잡 및 수요 관리의 최고 도시로 선정된 바 있고, 글로벌 회계컨설팅 네트워크인 PwC의 2014년 세계 도시력Cities of Opportunity 비교에서 세계 3위로서 교통 · 인프라와 비즈니스 용이성에서는 1위를 기록하고 있다.

동남아의 아름다운 항구도시, 매년 1500만 명이 싱가포르 방문

싱가포르는 이전부터 아름다운 가든 시티로 국제 항구를 이용한 중계무역과 동남아 허브 창이국제공항이 관문 역할을 해왔다. 좁은 국토에도 불구하고 미래를 위

세계 최초로 도입된 전자요금징수 시스템, 로드프라이싱(ERP)

싱가포르 지하철은 홍콩처럼 다른 노선이라도 동일홈에서 갈아탈 수 있어 이용이 편리하다

SBS Transit사에서 위탁운영하고 있는 경전철(LRT)

해 보존되고 있는 넓은 토지와 자연보호지역 등 계획도시로 만들고 세계에서 강력한 법치국가를 세우게 된 것은 리콴유(2015년 3월 타계) 전 총리의 리더십이 크게 작용한 것으로 기억되고 있다.

세계 최대 쇼핑센터의 밀집지역으로 손꼽히는 오차드 거리를 비롯해, 싱가포르의 랜드마크인 에스플러네이드와 복합 리조트 마리나 베이 샌즈 등 2012년 마스터 카드가 발표한 통계에서도 세계에서 4번째로 외국 관광객이 많이 찾는 도시다.

특히 관광객 유치를 위해 카지노를 또 다른 미래 성장 동력으로 하고, 정부와 민간의 협력 하에 인공적인 관광자원 개발을 추진해 왔다. 대표적으로는 센토사 섬에 테마 파크 유니버설 스튜디오 · 싱가포르와 리조트 월드 센토사 건설을 순차적으로 진행하고 있다.

잘 갖춰진 대중교통망과 이용 서비스 향상

1995년 육상교통에 관한 정책을 관할하는 육상교통청 LTA이 설립됐다. 이듬해 LTA는 세계 제일 대중교통 시스템을 위한 교통백서, 2008년 마스터플랜을 발표하고 다양한 국민 니즈에 맞추고 수정해가면서 사람 중심, 대중교통중심TOD의 도시로 발전했다.

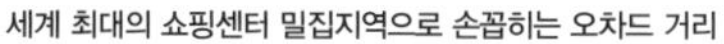
세계 최대의 쇼핑센터 밀집지역으로 손꼽히는 오차드 거리

교외 주택지와 지하철(MRT)역을 연계하는 경전철 역사

노선버스는 1일 평균 이용자 수가 360만 명으로 357개 노선 운행으로 수송인원이 가장 많은 교통수단이며, 고객서비스 위반 시 범칙금 등 버스 품질 관리가 철저한 것으로 유명하다. 직행 및 간선과 지선버스의 구분과 환승이 용이하고, 실제 싱가포르 내 75% 이상 주택이 지선버스정류장에서 접근거리 300m 이내에 있다.

지하철MRT은 1987년에 운행을 시작해 현재 5개 노선에 163.5km, 1일 290만 명이 이용하고 있다. 경전철LRT은 교외 주택지와 MRT역을 연계하는 3개 노선이 운행되고 있다.

세계 최초로 도입된 전자요금징수, 로드프라이싱

로드 프라이싱Electronic Road Pricing은 시가지나 특정 혼잡구역 유입 지점에서 도로통행요금을 징수하는 교통혼잡세다. 1975년에 스티커를 사전 구입하는 지역통행 허가증 제도Area Licensing System로 시작했고, 그 후 1998년 세계에서 처음으로 무선 통신에 의한 전자부과 방식인 ERP가 도입됐다. 시행 초기에는 교통수요 관리의 선도적인 성공 사례로 손꼽히는 벤치마킹 모델이었고, 필자도 이 시스템만을 보기위해 싱가포르를 찾은 적이 있다.

ERP 운영시간은 월요일부터 토요일까지 오전 7시 30분부터 오후 8시까지이며, 요금은 5분마다 설정되고, 교통량이 많은 시간대는 통행료가 비싸다. 싱가포르 육상교통청LTA은 실제 교통량을 토대로 통행 차량의 85% 이상이 일정 속도를 유지하도록 요금체계를 3개월마다 조정한다. 이러한 ERP 요금이나 현재 정체 상황에 대한 실시간 정보는 LTA 포털 사이트(www.onemotoring.com)에서 제공되고 있다.

세계가 주목한 자동차 등록대수 할당 시스템

싱가포르는 1990년대 경제성장에 따라 차량 등록대수가 급증했고 이에 대처하기 위해 자동차세와 같은 부과금 대신 자동차 등록대수 할당 시스템Vehicle Quota System을 도입했다. 이는 차량대수의 총량을 규제하는 것을 목적으로 자동차를 구입하는 사람에게 10년간 차량 취득권COE을 의무화 제도이다.

LTA는 매년 폐차대수를 고려해 적정한 총 차량대수의 증가율을 결정한다. 처음 시행된 1990년부터 2009년까지 연간 3%, 2012년까지는 연간 1.5%, 2013년에는 증가율이 0.5%로 점차 낮아져 최근 취득권 가격도 상당히 올랐다고 한다. 그래서 싱가포르에서는 자동차를 보유하는 것이 정말 어렵고, 1인당 자동차 보유율은 0.1대로 압도적으로 낮다.

동남아의 아름다운 항구도시, 싱가포르 스카이라인

세계 최대의 관람차 싱가포르 플라이어

싱가포르의 상징물 머라이언(Merlion). 사자(lion)에 인어(mermaid)의 합성단어

따라서 자동차 없이도 쉽게 이동할 수 있도록 사람 중심의 교통체계 구축을 목표로 했으며, 세계 어느 도시에서도 볼 수 없는 평일 아침 7시 45분까지 도시부 16개 지하철역을 무료로 운영하는 등 대중교통 이용 촉진을 위한 교통수요 관리를 잘 추진했던 것이다.

오사카

간사이 지방의 중심, 성공적인 도시재생과 교통대책

오사카 시는 오랜 역사를 지닌 도시인만큼 오사카성을 비롯해, 일본에서 가장 오래된 사찰인 시텐노지 등 유적지가 많고, 3대 마쯔리의 하나인 텐진마쯔리도 유명하다. 특히 항만도시로 수로와 운하를 배경으로 물의 도시 오사카의 재생 등 수많은 도시재생 프로젝트를 성공적으로 추진해 왔다. 그 가운데 도톤보리 강 정비사업과 대규모 복합 도시 난바파크를 소개하고자 한다.

물의 도시 오사카, 상징적인 도톤보리 강 정비사업

오사카 시는 일본의 긴키近畿, 간사이関西 지방의 행정, 경제, 문화, 교통의 중심도시로, 오사카 후府의 한가운데 위치하고 있다. 2015년 현재 인구는 269만4000명(오사카후 884만7000명), 오사카 도시권 및 케이한신京阪神 대도시권으로 형성돼 있다.

그리고 요도가와 강 하구의 오래된 항만도시이기 때문에 하천을 중심으로 발전해 왔다. 지리적으로는 도톤보리道頓堀, 센니치마에千日前, 난바難波 등지를 포함하는 미나미南와 북부 오사카 역과 우메다梅田 지역은 시영지하철, JR, 긴테츠近鉄, 한큐, 한신 등 여러 철도역과 버스터미널이 입지해 오사카와 주변 도시를 연결하는 교통 중심 결절점이다.

오사카 시 번화가 미나미 중에서도 도톤보리 강은 약 2.9km 구간으로 항상 많은 관광객이 몰리고, 한신 타이거스 야구가 우승하거나 연말연시마다 하천에 뛰어드는 상징적인 곳이기도 하다. 이러한 역사를 바탕으로 '오사카 수도水都 재생 프로젝트'로 하천 정비가 이루어졌다. 선착장이 설치돼 유람선을 탈 수 있게 됐고, 니혼바시日本橋에서 우키니와바시浮庭橋 구간에는 2004년 12월에 수변 산책길인 리버 워크River walk가 만들어졌다. 그리고 하천부지 이용규제를 완화하고 양측에 친수공간을 만들어 각종 이벤트를 즐길 수 있고, 천천히 강변을 따라 걷기만 해도 색다른 미나미의 매력을 느낄 수 있다(www.tonbori.jp).

오사카만의 항구도시로서 일본 간사이 지역의 물류 중심이다

오사카시 중심 남북 6차선 일방통행 간선도로 미도스지(御堂筋)

녹지와 공존을 테마로 한 도심재생사업의 성공 사례인 난바파크(Nanba parks)

도심재생사업의 세계적인 사례, 난바파크

오사카성은 한때 도요토미 히데요시가 일본을 통일했던 역사적인 곳으로 1931년 광대한 역사공원으로 조성됐다. 그리고 오사카성 공원에 인접한 지구 약 26ha는 오사카 비즈니스파크OBP로 재개발됐다. 공원 속 도시 기능에 따라 고층 건물과 일본 최대 규모의 오사카성 홀 등 비즈니스 시가지가 잘 조성된 사례다(www.obp.gr.jp).

1980년대 중반에 오사카 구장을 포함한 주변 지역을 재개발하려는 구상이 시작됐고, 난카이南海가 '미래 도시 나니와 신도新都'를 콘셉트로 재개발했다(www.nambaparks.com). 2003년 10월 제1단계, 2007년 4월 제2단계 부분이 공개됐으며, 건물은 캐널시티 하카타와 롯폰기 힐스를 맡았던 미국 건축가 Jon Jerde가 설계했다.

사업시설 면적은 5만1800m²로, 지상 10층 지하 3층의 건물은 외관이 웅장하다. 파크가든은 약 1만 1500m² 면적의 도시공원으로, 특징은 도시지역에서 건물 전체가 자연경관과 어우러지게 지상에서 9층까지 연속적인 생태가든을 조성한 점이고, 다양한 식물이 우거지고 계절별 조류와 곤충도 즐기면서 쇼핑을 하는 즐거움을 갖게 하는 오사카 시 최대의 복합쇼핑시설이다. 필자도 오사카 시에서 오래 거주했지만, 이렇게 세계적인 도심재생 사례를 보면서 새삼스러웠고, 여러분들도 꼭 방문할 것을 추천하고 싶다.

오사카시 교통국, 시영지하철과 시영버스 직접 운영

오사카 시는 타 도시와 달리 시 교통국에서 직접 오사카 시내 및 그 주변 지역에서 시영지하철과 시영노선버스 등을 운영하고 있는 것이 특징적이다. 현재 대중교통 사업은 고속철도로 시영지하철 8개 노선(129.9km), 신교통 시스템인 뉴트램으로 남항 포트타운 선 1개 노선(7.9km)과 시영버스 174개 노선을 운영하고 있다.

그러나 실제 오사카시 교통국은 지하철 사업 투자 누적, 시영버스 사업의 실적 악화, 공유지 토지 위탁 사업의 실패로 많은 부채를 떠안게 됨으로써 2006년부터 민영화를 검토하기 시작했다.

2011년 하시모토 시장이 당선되면서 결국 2012년 6월 열린 오사카시 통합본부회의에서 지하철 사업은 "상하 일체로 민영화"하고, 버스는 "지하철 사업과는 완전히 분리해서 운영하고 민영화"한다는 방침을 세우고 지속적으로 추진 중에 있다.

오사카 베이 타워에서 바라다 본 전경

일본 최초 커뮤니티 도로, 보행자 위한 안전 · 안심 가로

오사카 시는 지난 1971년 이후 수차례 교통안전계획을 수립하고 관계기관들과 효과적인 시책을 종합적으로 추진한 결과, 교통사고 사망자 수는 지속적으로 감소해 2013년 49명으로, 그 당시 대비 17.5%에 머물러 통계 사상 최소가 되는 성과를 보여 주었다.

그럼에도 불구하고 오사카 시에서는 지속적인 교통사고 감소를 위해서 '교통사고 없는 안전한 마을 오사카' 실현을 목표로, 누구나 안전하고 쾌적하게 통행할 수 있는 보도와 커뮤니티 도로 등의 정비를 진행하고 있다.

일본 커뮤니티 도로는 1980년 오사카 시 아베노구 나가이케쵸에서 처음으로 시범 정비하기 시작했고, 일본 전역으로 확대 시행된 정책으로 잘 알려져 있다. 국내에서도 생활도로로 소개돼 활발히 추진되고 있지만, 특히 오사카 시 스미요시구의 존30 구역 지정 등 보차 공존을 목적으로 불필요한 차량 통행을 줄이고 주행속도를 줄이기 위해 최고속도 시속 30km/hr 교통규제를 성공적으로 도입하고 있다.

그 외에도 안전하고 쾌적한 보행자 도로 정비를 위해서 2차선 도로는 중앙선을 삭제하고, 차도의 폭을 좁히고, 이미지험프 설치, 컬러 포장 등 보행자가 안심하고 쾌적하게 걷도록 교통정온화traffic calming 기법을 적극 적용하고 있다.

오사카 역 우메다 명물 헵파이브(HEP FIVE) 관람차

JR 오사카 역, 오사카 지하철 우메다 역, 한신철도 한큐전철 등 환승

오사카 시 시내 번화가 미나미 도톤보리 거리

최근 이슈된 자동이륜차 및 관광버스 주차대책

오사카 시는 지난 2011년 주차장정비계획을 수립하는 등 주차문제 해결에 있어서 종합적·장기적인 관점에서 선도적인 대책을 실시하고 있다. 특히 국토교통성 도시국에서 개최하는 2015년 제28회 전국 주차장 정책 담당자 회의에서는 자동 이륜차의 주차시설 정비에 대해서 우수 사례로 오사카 시가 소개된 바 있다.

현재 도심과 신오사카 및 쿄바시 3개 지구 2553ha를 주차장정비지구로 지정해 관리하고 있으며, 2006년 5월에 주차장법 조례를 개정해 상업지역은 연면적 3000m²/대, 공동주택 호수의 3% 등 자동이륜차 주차시설의 설치를 의무화했다.

또한 자동차 1대당 자동이륜차 5대로 대체가능한 건축물 부설 의무대수를 제정하는 등 이륜차 주차를 해마다 늘려서 시행 당시와 비교하면, 2013년도에 약 2.4배 4025대가 정비됐다고 한다.

최근 서울시도 관광버스 주차문제가 이슈화되고 있는데, 오사카 시가 오래전부터 주차장정비계획에 의거 관광버스 주차대책을 추진해 시내 나가호리 복개도로에 22대 대형 관광버스 주차장을 설치한 것은 국내에도 시사하는 바가 크다.

나고야

일본의 지속가능한 교통

환경적으로 지속가능한 교통은 지구온난화 방지를 위한 전 세계적으로 공통된 교통정책의 주요 테마일 뿐 아니라, 이의 목표 달성을 위해 국제사회의 이해와 협력이 무엇보다도 필요한 시점이라고 볼 수 있다. 우리나라에서도 대중교통과 환경친화적인 녹색교통체계 구축의 필요성을 인식하고 지속가능한 교통정책이 활발히 추진되고 있는 바, 일본의 추진 상황 등을 살펴보고 나고야시를 중심으로 지속가능한 주요 대중교통정책 등을 소개하고자 한다.

환경적으로 지속가능한 교통정책과 추진 상황

일본은 자원과 에너지 절약, 배출가스를 저감하기 위한 기본적인 정부대책이 전 세계 어느 나라에 못지않게 앞서가고 있다. 자동차 · 연료기술이 진보하고 있음에도 불구하고, 환경적으로 지속가능한 교통정책EST 실현을 위한 교통정책은 무엇보다 자동차 교통에 의한 환경부하를 줄이는 데에 초점을 맞추고 있다.

일본에서도 단기적으로는 쿄토의정서京都議定書의 준수를 위해 정부가 2010년도의 온실효과가스 삭감을 목표로 '환경적으로 지속가능한 교통EST의 실현'에 근거해 모델사업을 진행하고 있다.

이를 위한 종합적인 대책으로서 ①차세대형 노면전차시스템(LRT)의 정비나 버스 활성화 등의 공공교통 기관의 이용 촉진 ②자전거 이용 환경의 정비 ③도로정비나 교통규제 등의 교통류의 원활화 대책 ④ 혹은 저공해차의 도입 촉진 등의 분야에 지원책을 집중적으로 강구하는 등 지역의 의욕적이고 구체적인 우수 사례에 대한 연계 시책을 강화하고 있다.

전국의 EST 모델사업은 현재 27개 지역이 선정됐고 관계 부처와 연계하면서 지구온난화 대책을 마련하는 것을 목적으로 사업이 실시되고 있다.

국토교통성이 EST보급추진위원회 사무국(교통Ecology · mobility 재단)과 함께 '환경적으로 지속가능한 교통EST의 보급사업'에 전국적으로 EST 모델 사업지를 선정 · 추진하고 있다(www.estfukyu.jp).

시내 중심 오아시스 광장 21, 히사야오도리 공원, 종합버스터미널 등 복합시설

일반 도로에서 나고야 가이드웨이 버스전용차로로 진입

일본 처음으로 도입된 나고야 가이드웨이버스 전용고가도로

EST 국제회의 나고야에서 처음 개최

2003년 3월 처음으로 나고야名古屋 시에서 '교통과 환경에 관한 나고야 국제회의'를 개최해 아시아 지역 총 14개국에서 환경 · 교통 담당의 정부관리, 환경과 교통 분야에 있어서의 전문가 등과 의견 교환 등이 처음으로 이루어졌다.

그리고 2005년 8월 나고야에서 '아시아 EST 지역 포럼 제1회 회의'를 통해 환경과 교통의 조화를 위한 대처의 중요성 등에 대해서 메시지가 전달됐으며, 2006년 12월에는 인도네시아 자카르타에서 '제2회 회의'가 개최됐다. 2007년 4월에는 제40회 ADB아시아 개발은행 연차총회 본 회의에서 '아시아 시장에 의한 환경적으로 지속가능한 교통에 관한 국제회의'를 개최하면서 EST에 관한 선진 사례의 공유 및 아시아 도시교통의 EST 실현을 위한 정책 대화가 이루어졌으며, 쿄토 선언Kyoto Declaration이 채택된 바 있다.

일본 최초 중앙버스전용차로 도입

나고야 시는 일본 3대 도시권의 하나인 나고야권中京圏

나고야 가이드웨이 버스의 유도리도라인 운행상황실

나고야 시는 일본 최초로 버스전용차선을 도입하였다

의 중심도시로서 인구 220만 명인 4번째 도시다. 대중교통 사업의 경우, 1923년 최초 노면전차 영업을 개시한 이래 오랜 기간 동안 시민 생활과 도시 활동 기반으로서 나고야 시의 발전을 지지해 왔다. 현재 지하철은 6개 노선(89.1km), 나고야 시영버스의 경우 일반계통, 기간버스, 도심순환버스, 심야버스, 가이드웨이버스, 지역순회버스 등 여러 버스계통별 노선망을 갖추고 있다.

특히 1985년 4월 일본에서 처음으로 나고야에서 기간基幹버스의 중앙버스전용차로가 선보였으며 신데키마치센新出来町線의 영栄, 히키야마引山 구간(10.2Km)에서 운행을 개시하게 됐다.

신데키마치센은 중앙주행방식 외에도 사쿠라도리 오츠桜通大津 · 히키야마引山 구간 9.2km의 양방향에 컬러 포장의 버스전용차선을 설치해 첨두시(7~9시, 17~19시)에는 버스전용차선으로 사용하고, 그 외 운행시간대는 버스우선차선으로 운영되고 있다. 그리고 버스의 안전 운행과 동서 방향의 구별을 위해서 버스전용차선의 일부에 컬러 포장의 색을 바꾸자 이용객 증가, 표정속도 향상 등 실시 효과가 높은 것으로 나타났다.

버스 · 지하철 이용에 따른 환경가계부 기록

한편 나고야 시에서는 시내버스와 지하철 이용에 따른

CO_2 삭감을 기록할 수 있는 환경가계부 기록 서비스를 실시하고 있는데, 이는 지구온난화에 영향을 주고 있는 CO_2의 배출량을 2012년까지 1990년 대비 10% 삭감하는 것을 목표로 하고 있기 때문이다.

승용차 대신에 버스 · 지하철을 이용함으로써 CO_2 배출량을 어느 정도 삭감할 수 있는지 확인하고 기록할 수 있는데, 예를 들면 한사람이 1km당 CO_2 배출량으로 비교하면 승용차가 192.2g이지만 승합 버스는 94.2g(승용차의 1/2), 지하철은 10.8g(승용차의 약 1/18)이 된다.

이렇게 대중교통을 이용함으로써 삭감되는 CO_2 배출량을 확인하기 위해서는 나고야시교통국 웹사이트의 '나고야 환승네비게이션'에서 출발지와 목적지를 입력하면 거리와 CO_2 배출량을 확인할 수 있으며, '버스 · 지하철 환경 가계부'의 엑셀 양식 파일을 다운로드해서 사용할 수 있게 하고 있어서 얼마나 나고야의 시민들이 CO_2 배출 저감을 위해 노력하고 있는지 알 수 있다.

일본 최초 나고야 가이드웨이버스

일본 나고야에서 처음으로 도입된 가이드웨이버스 유도리라인은 오조네大曽根부터 오바타로쿠지小幡緑地까지 전용궤도 6.5km 구간 9개 역을, 최고운전속도 60km/h로, 첨두시 3~5분 간격으로 운행되고 있다. 이 노선이 도입된 지역은 최근까지 택지개발이 이루어져 통행량이 지속적으로 증가했지만 대중교통수단은 버스가 유일해 교통정체가 심각한 지역이었다. 하지만 지하철을 건설하기에는 이용수요가 부족해 1986년부터 가이드웨이버스 시스템 도입을 결정했고 2001년 3월 운행을 개시했다.

시스템의 가장 큰 특징은 무엇보다도 철도+버스의 이점을 살린 듀얼모드로서 철도와 버스의 이점을 조합해 전용고가도로는 차량의 안내 장치에 의해 주행하고 일반도로에서는 일반노선버스로 각 방면을 주행할 수 있다.

그리고 고가전용궤도를 주행하므로 지상부 교통체증과 무관하게 운행 스케줄에 따라 정시 · 고속 운행이 가능하고, 차체의 안내 장치로 핸들 조작 없이 안전 · 쾌적한 운전이 가능하다는 점이다.

이러한 가이드웨이버스는 철도와 버스의 중간수송력Transportation gap을 가지고 있으며 교통정체 구간에서는 고가전용궤도를 주행하고 교차점이 없기 때문에 자동차 교통이 원활해져 대기오염 등의 환경부담이 경감됨으로써 지속가능 교통으로서 도시교통문제를 해결할 수 있는 좋은 대안이 될 것으로 판단된다.

세계 최초 도시형 자기부상열차 리니모

나고야 토우부큐우로東部丘陵 노선 리니모Linimo는 2005년에 개최된 아이치국제박람회愛·地球博의 전시장 접근교통수단으로 건설됐으며, 후지가오카藤が丘 역부터 야쿠사八草 역까지 구간 총 8.9km의 9개 역을 운행하는 세계에서 처음으로 도입된 도시형 자기부상열차다. 리니모는 중저속형(110km/h)으로 일반 전자석을 이용한 흡인식 부상방식으로 이제까지의 철도 차량과 달리 전동기와 차륜이 없기 때문에 소음 · 진동이 거의 없으며, 가감속과 등판 능력이 뛰어나 고무차륜 경전철보다 조용하고 승차감 및 최고 속도도 향상된 점 등 많은 이점을 갖고 있다.

국내에서도 지난 1998년부터 연구개발이 시작된 도시형 자기부상열차는 건설비용 등의 문제로 실용화되진 못했지만, 대전 국립중앙과학관과 엑스포과학공원을 연결하는 UTM 시범노선(1km)이 개통됐다. 그리고 2012년에는 실용화 사업의 일환으로 도입된 영종도 자기부상열차는 한국기계연구원과 현대로템이 인천국제공항 역에서 용유도 역까지 총 노선연장 6.1km 구간에 대한 오랜 시범운전 기간을 거쳐 2016년 2월 3일 개통하여 운행하고 있다.

아이치국제박람회(2005년) 처음 도입된 도시형 자기부상열차 리니모

파나마시티

중남미의 허브, 운하도시

파나마시티는 파나마 운하를 중심으로 발전해 왔고, 중남미에서 유일하게 매년 7% 안팎의 경제성장률을 달성하고 있다. 세계적인 파나마 운하와 도심의 화려한 스카이라인 및 역사보전지구 등을 보기 위해 관광객들이 몰려 라틴아메리카에서 코스타리카에 이어 각광받는 여행지로 부각되고 있다. 반면 도시 외곽지의 초고층 건물이 밀집된 주요 도로 구간은 차량 증가로 극심한 정체를 보이고 있다. 이에 메트로 1호선을 개통하는 등 대중교통체계 개선을 위한 지속적인 프로젝트가 추진되고 있다.

중미의 금융센터로서 세계 도시의 스카이라인, 파나마시티

파나마는 북아메리카 대륙과 남미를 이어주는 지협에 위치하며, 서쪽은 코스타리카, 동쪽으로는 콜롬비아와 국경을 접하고 있다. 동서로 긴 국토의 거의 중앙을 가로지르는 파나마 운하는 태평양과 대서양(카리브 해)을 접속하는 역할을 하고 있다. 그리고 이곳 운하 입구에 태평양 연안의 운하도시 파나마시티가 입지하고 있다.

인구는 2013년 기준 88만 명이며, 광역도시권은 127만 명으로 국가의 정치, 경제, 문화의 중심일 뿐만 아니라, 중미 금융센터로서 세계 각국의 은행이 진출하고 있다. 1인당 평균 GDP는 1만5300달러로 시내 중심부는 고층빌딩이 밀집해 세계적 도시다운 최고의 스카이라인을 형성하고 있다.

신시가지에는 해안을 따라 공원과 오픈스페이스가 잘 갖추어져 있어서 휴일에는 많은 시민들이 산책하면서 여유를 즐기고 있지만, 이어지는 카스코 안티구오 구시가지는 옛 도시 모습을 그대로 간직하고 있다. 근처 빈민가로 밀린 이 지역은 슬럼가로 변해 한 도로를 경계로 큰 격차의 두 지역이 공존하는 모습을 볼 수 있었다.

카스코 안티구오에서 바라본 전경, 시내 중심의 스카이라인

파나마 비에호 유적지와 카스코 역사지구, 세계유산 등록

스페인에 의한 남미 원정 거점 마을로서 1519년 최초 식민도시 파나마시티가 건설됐으며, 태평양 연안의 중심지로 번창하게 됐다. 그러나 1671년 영국 출신 헨리 모건이 이끄는 해적 습격으로 파괴되면서 남서쪽 해안지역에 새로 카스코 안티구오Casco Antiguo를 조성하게 됐다.

중심부 카스고 비에호(구시가)에는 독립광장Plaza de la Independencia 앞 대성당이나 파나마시청사, 역사박물관, 국립극장 외에도 대통령 관저, 외무성 청사 등 유서 깊은 스페인 양식의 건축물과 구조가 현존하고 있다. 아직도 관광지구 전체의 정비와 골목 구석구석 복원공사가 한창 진행되고 있는 모습을 보면서, 머지않아 관광객들의 핫 플레이스가 될 것 같은 느낌이었다.

그리고 이 일대 역사보존지구는 시내 중심지에서 동쪽으로 6km 정도 떨어져 16세기 당시의 건축물이나 시가지가 28ha에 이르는 유적지구(공원)로 보존되고 있는 파나마 비에호Panama Viejo 지구와 함께 파나마 역사지구로서 2003년 유네스코 세계유산으로 추가 지정됐다.

파나마 운하 개업 100주년, 운하와 함께 발전

1914년에 완성된 파나마 운하는 태평양과 카리브 해를

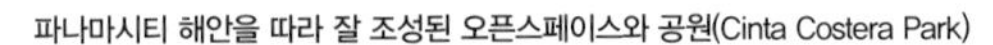

파나마시티 해안을 따라 잘 조성된 오픈스페이스와 공원(Cinta Costera Park)

파나마시티 코즈웨이 섬에 세워진 유명한 바이오 박물관

파나마 운하는 1일 약 40척 선박이 통과하며, 컨테이너 화물이 연간 약 2억1800만 톤에 달한다

남북으로 잇는 전체 길이 약 80km, 수로 폭 192m의 갑문식 운하로 2014년 개업 100주년을 맞이했다. 이집트의 수에즈 운하가 해면에 직접 연결되는 데 반해, 파나마 운하는 중앙에 위치한 가츤호(인공호수)의 수면이 해발 26m이기 때문에 3단계 갑문을 만들어 선박의 수위를 상하로 조절함으로써 선박이 통과하는 방식을 채용하고 있다.

폭 32.26m, 길이 294m의 선박이 운항 가능해 국제적 규격으로 여겨지고 있지만, 제3수문이 완성되면 폭 49m, 길이 366m의 선박이 통과할 수 있게 되고, 이렇게 운하가 확장되면 최대 적재량은 현재의

파나마 운하를 통과하는 컨테이너 화물선, 2014년 운하 개업 100주년이 됐다

2.7배에 이르게 된다. 연간 약 1만4500척(1일 평균 약 40척) 선박이 운하를 통과하는데, 컨테이너 화물이나 석유 등은 연간 약 2억1800만 톤에 이르러 그 통행료 또한 막대할 것 같다.

이처럼 운하 중심의 특수 경제 구조를 가진 파나마는 매년 7% 이상의 경제성장을 계속하고 있으며, 국내 총생산GDP의 약 8할을 운하 운영, 중계무역, 금융, 관광 등 제3차 산업이 차지하고 있다고 한다. 그 가운데 운하 통행 수입의 경우 약 24억 달러를 차지해 파나마 경제에 크게 기여하고 있다.

메트로 1호선 개통, 만성 교통체증 일부 해소

지난 2014년 4월 파나마시티는 시내에서 산 미겔리또San Miguelito 지역을 남북으로 연결하는 13.7km의 메트로 노선을 처음 개통했다. 전체 12개 역 가운데 지하가 7개 역이고 5개 역이 지상역이며, 앞으로 추가로 노선을 연장해 15.8km를 운행하게 된다. 차량은 프랑스 알스톰사 3량을 편성했으며, 역사 운영 시스템도 현대식으로 잘 갖추어져 있었다. 현재 1일 수송인원은 18만 명으로 이용객이 많은 편이다.

특히 초고층 건물이 밀집된 주요 도로의 교통정체지역에 있어서 이번 메트로 건설로 교통체증이 어느 정도 해소됐다고 하지만, 필자가 올해 7월 운하지구를 가는데 심각한 수준의 도로 정체를 목격하면

카스코 안티구오 구시가지를 운행하는 구형 버스

최근 메트로 1호선 개통으로 만성적인 교통체증 해소

파나마시티 역사지구는 세계유산으로 지정됐으며, 스페인 양식 건축물이 약 800동이 보존돼 있다

서 도시 외곽에서 시티 중심지로의 대중교통 접근 체계는 시급히 해결돼야 할 문제로 인식됐다.

현재 메트로 2 · 3호선 건설을 추진하고 있으며(www.elmetrodepanama.com), 파나마시티의 교통체계 개선을 위한 지능형 교통 시스템의 구축 등 지속적으로 프로젝트를 추진하고 있으므로, 앞으로 대중교통 시스템과 교통 여건이 점차 나아질 것으로 기대해 본다.

카스고 비에호(구시가)는 도로가 협소하여 차량이 통제되는 곳이 많다